Frank Rönicke
Typenkompass
DDR-Motorräder seit 194

Frank Rönicke

DDR-
Motorräder
seit 1945

Einbandgestaltung: Dos Luis Santos unter Verwendung von Motiven
aus dem Archiv des Autors.

Fotos: Archiv Rauch, Archiv Rönicke, Werksfotos,
Werner Wendrock, Berlin.

Der Autor bedankt sich bei Franz Käppler, Weißwasser, für viele
nützliche Informationen.

Eine Haftung des Autors oder des Verlages und seiner Beauftragten
für Personen-, Sach- und Vermögensschäden ist ausgeschlossen.

ISBN 978-3-613-02776-3

2. Auflage 2009

Sie finden uns im Internet unter
www.motorbuch-verlag.de

Lektorat: Martin Gollnick
Innengestaltung: Bernd Peter
Reproduktionen: digi Bild reinhardt, 73037 Göppingen
Druck und Bindung: Kessler Druck und Medien, 86399 Bobingen
Printed in Germany

Inhalt

Vorwort

Der Titel dieses Typenkompasses kann in mehrfacher Hinsicht irritieren, weshalb einige Erklärungen vorangestellt werden müssen. Selbstverständlich wurde die DDR erst am 7. Oktober 1949 gegründet. Nach dem zweiten Weltkrieg, der bekanntlich am 8. Mai 1945 endete, war das Gebiet dieser späteren DDR weitestgehend die sowjetisch besetzte Zone. Und heute die Sowjetische Besatzungszone als eine Art DDR-Vorläufer zu bezeichnen, dürfte kein großer historischer Fehler sein. Also DDR-Motorräder seit 1945… Warum seit? Wenngleich sich einige Zeitgenossen die Mauer zurück und möglichst doppelt so hoch wünschen, war das Schicksal der DDR am 3. Oktober 1990 endgültig besiegelt. Allerdings liefen noch zu Beginn des Jahres 2003 bei Simson in Suhl motorisierte Zweiräder von den Hängebändern, deren technische Konzeption zum Teil auf echte DDR-Zeiten zurückgeht. Nun mussten die Suhler zwar – wie es scheint – endgültig die Produktion einstellen, aber wer weiß…Totgesagte leben manchmal länger. Schließlich stimmt das mit den DDR-Motorrädern auch nur zur Hälfte, denn zum einen gelten die hier vorgestellten Fahrrad-Hilfsmotoren und Simson-Mopeds nicht eigentlich als Motorräder, wenngleich sie schon Motor-Räder im Sinne des Wortes sind. Zum anderen sind die IFA- und MZ-Maschinen aus Zschopau bereits im sehr guten Typenkompass »MZ Motorräder seit 1950« von Andy Schwietzer abgehandelt worden.

Frank Rönicke

Während des Zweiten Weltkriegs kam die zivile Produktion von Motorrädern in Deutschland völlig zum Erliegen. Zu den wenigen Herstellern, die weiter Motorräder produzieren durften, wenn auch jetzt für die Wehrmacht, gehörte BMW in München, von wo aus man unter anderem ein 750-ccm-Gespann in den Krieg schickte. Dessen Montage verlegten die Münchener zu Kriegsbeginn, zusammen mit der gesamten Motorrad-Ersatzteilproduktion, in das BMW-Zweigwerk nach Eisenach; sie begründeten somit den Motorradbau in diesem Teil Thüringens und schließlich in der sowjetischen Besatzungszone, aus der am 7. Oktober 1949 die DDR entstand. Zunächst ausschließlich für den Markt in der Sowjetunion bestimmt, begann in Eisenach 1945 die erste Nachkriegs-Motorradfertigung auf deutschem Gebiet.

Auch in einem anderen thüringischen Ort war auf Befehl der sowjetischen Militäradministration in Deutschland (SMAD) ein Motorrad zunächst konstruiert und schließlich in Produktion genommen worden. Das ehemalige Simson-Werk in Suhl ging 1947, wie übrigens auch BMW in Eisenach, in den Besitz der sowjetischen Aktiengesellschaft »Awtowelo« über. 1948 kam dann der überraschende Befehl zur Konstruktion eines Mittelklasse-Viertakt-Motorrades, das 1950 in Serie ging.

Inzwischen an die DDR übergeben, erhielt das Simson-Werk 1954 aus dem Maschinenbau-Ministerium den Auftrag zur Entwicklung und Produktion eines Mopeds. Im Mai 1955 begann dessen Fertigung, die ein paar Jahre später einen Jahresausstoß von 200 000 Einheiten erreichte und 1961 das Suhler Viertakt-Motorrad, zum Leidwesen tausender seiner Anhänger, aus dem Programm verdrängte.

Da war die Eisenacher EMW R 35/3 schon längst zu Grabe getragen worden und die nach sowjetischem Vorbild ausgerichtete

Politik hatte entschieden, motorisierte Zweiräder mit mehr als 50 ccm Hubraum, die nicht zur Gattung Motorroller gehörten, fortan nur noch in Zschopau zu bauen.

Die eigenproduzierte, motorisierte Vielfalt auf zwei Rädern erreichte 1955 in der DDR ihren Höhepunkt, als auch noch die Industriewerke Ludwigsfelde (IWL) gemäß politischem Auftrag Motorroller mit Zschopauer Antriebstechnik zu fertigen begannen. In schneller Folge lösten verbesserte Modellreihen einander im Angebotskatalog ab, ehe die Produktion 1964 zugunsten einer LKW-Großserienfertigung (W 50) wieder beendet werden musste. Die durchaus weiter vorhandene Nachfrage nach hubraumgrößeren Motorrollern sollte nun allein mit Importen aus der CSSR abgedeckt werden.

Zur bunten Mischung motorisierter Zweiräder in der Pionierzeit des DDR-Kraftfahrzeugbaus trugen neben einigen Fahrrad-Hilfsmotoren auch verschiedene Privatinitiativen im Roller- und Motorradbau bei, die jedoch bestenfalls über Kleinserien nicht hinaus kamen. Nicht zuletzt, weil sie den Wirtschaftslenkern nicht in den Kram passten. Und die hatten – dem nun einmal eingeschlagenen politischen Weg entsprechend – nicht so unrecht: Kriegshinterlassenschaften und zentrale Planwirtschaft ließen nur eine Bündelung der Kräfte zu, um annähernd konkurrenzfähig (Export) und marktabdeckend (Inland) produzieren zu können. Inwieweit alle dieser Strategie folgenden Maßnahmen gerechtfertigt waren, bleibt dahingestellt. Zumindest fragwürdig

jedenfalls war etwa das Ende der Motorradfertigung in Eisenach zugunsten der »Großserienfertigung« des PKW »Wartburg« oder vor allem der Produktionsstop des bis dahin besten Motorrades der DDR, der »Simson 425 S«.
Monotonie hielt nun Einzug und wurde 1970 mit der Gründung des Kombinates für Zweiradfahrzeuge, zum Ärger der Zschopauer mit Sitz in Suhl, zementiert. Einzylin-

Zweirad-Parkplatz vor dem MZ-Werk in Zschopau 1992: So wie hier kann man sich Hunderte Parkplätze auf dem Gebiet der ehemaligen DDR vorstellen. Es dominierten die Simson-Mokicks aus Suhl, lediglich aufgelockert von einigen MZ-Maschinen.

der-Zweitaktmotorräder mit maximal 250 ccm Hubraum aus dem Erzgebirge sowie Kleinkrafträder und Kleinroller bis höchstens 70 ccm und natürlich ebenfalls von Einzylinder-Zweitaktern angetrieben, aus Suhl, waren nun alles, was bis 1990 an serienmäßigen, motorisierten Zweirädern aus der DDR kam.

Dabei hatten die Hersteller wenigstens gelegentlich die Möglichkeit neue Modelle einzuführen und so dem totalen Frust, wie etwa im PKW-Bau, zu entgehen. Nach der Wende änderte sich das Bild schlagartig. Dass die Motorradbauer nun, nach dem Fall der Mauer, mit wenig konkurrenzfähigem Material dastanden, war auch das Resultat der Tagung »Fortschritte im Motorradbau« in Zwickau im Sommer 1985. Denn was dort festgelegt wurde, hatte mit Fortschritt herzlich wenig zu tun: Beibehaltung der Einzylinder-Zweitakt-Technik und der Grundkonzeption der Fahrwerke. Lediglich kosmetische Retuschen »zur Verbesserung des ästhetischen Gesamteindrucks« waren fortan zugelassen. Damit blieben neue Konstruktionen in den Schubladen liegen und konnten erst nach der Wende und damit viel zu spät, realisiert werden.

Trotz alledem muss man heute würdigen, was Motorradbauer im Osten Deutschlands unter unsäglich schwierigen Bedingungen nach dem Zweiten Weltkrieg wieder auf die Räder stellten. Es war echter Pioniergeist, der in den späten vierziger Jahren aus zuvor von den Sowjets völlig demontierten und zum Teil zerstörten Werksanlagen wieder Motorräder rollen ließ. Wo »Rucksackträger« fehlende Montageteile aus dem Westen »importierten«. Wo eine faktisch nicht vorhandene Zulieferindustrie erst aus dem Boden gestampft werden musste und wo ständig gen Westen abwanderndes Fachpersonal zu ersetzen war.

In den Folgejahren versuchten Konstrukteure und Ingenieure trotz wirtschaftlicher und politischer Hemmnisse bestmögliche Resultate zu erzielen. Viele von ihnen resignierten Mitte der siebziger Jahre, als längst alles begonnen hatte, »seinen sozialistischen Gang« zu gehen.

Die DDR war ein Land des Improvisierens und Selbstbauens in vielerlei Hinsicht. Gerade in den 50er Jahren entstanden zahlreiche Eigenbau-Mopeds, -Roller und -Motorräder in Einzelstücken oder Kleinstserien. In diesem Typenkompass sollen die Fahrzeuge vorgestellt werden, die in mindestens 15 Exemplaren gebaut wurden. Die Renn-AWOs, die im Frühjahr 1953 in Suhl gebaut wurden, sind hier also das kleinste Maß aller Dinge.

AWO- und Simson-Viertaktmotorräder

Am 1. Juli 1945 zogen sich die Amerikaner, die in Thüringen eingewandert waren, hinter die Werra zurück und hinterließen der Sowjetischen Militär-Administration in Deutschland (SMAD) unter anderem das Gustloff-Werk, ehemals Simson, in Suhl. Das bedeutende Waffen- und (frühere) Automobilwerk hatte bis in die ersten Kriegstage hinein unter anderem Motorfahrräder produziert. Als wichtigem Rüstungsproduzenten im Dritten Reich ging es diesem Werk wie vielen anderen im Osten Deutschlands zu dieser Zeit auch: Ab April wurde mit der völligen Demontage des Maschinenparks begonnen und die meisten Gebäude anschließend dem Erdboden gleich gemacht. Alles, was nicht niet- und nagelfest war, fuhr per Bahn in die UdSSR.

Reste des Betriebes, in denen trotz allem bald wieder Jagdwaffen, Fahrräder und Kinderwagen, selbstverständlich als Reparationsleistung ausschließlich für den Sowjetmarkt bestimmt, gefertigt wurden, gliederten die neuen Machthaber am 5. März 1947 in die »SAG (Sowjetische Aktiengesellschaft) AWTOWELO Moskau, Zweigstelle Weimar« ein. Mit der bald gebräuchlichen Bezeichnung »SAG, Werk Simson« oder »AWTOWELO, Werk Simson« kehrte der traditionsreiche Name nach Suhl zurück. Ende 1947 versuchten deutsche Führungskräfte des Werks die Besatzer vom Bau eines 125 ccm-Motorrades, zu dem es bereits einen Rohentwurf gab, zu überzeugen. Allein, die Russen ließen eine Wiederaufnahme der Motorrad-(Motor-Fahrrad-) Produktion (noch) nicht zu.

Ein Jahr später, im Dezember 1948 (das Werk hieß inzwischen offiziell »Suhler Fahrradfabrik der Sowjetischen Staatlichen AG Awtowelo), ordneten dann überraschen-

Sehr viele Motorräder der DDR sind im Fahrzeugmuseum in Suhl ausgestellt. Darunter viele Simson-Zweiräder, wie diese AWO 425 mit Stoye-Seitenwagen.

derweise die Sowjets ihrerseits an, ein Mittelklasse-Motorrad zu entwickeln. Die Vorgaben an die deutschen Konstrukteure (250 ccm, 12 PS, Einzylinder-Viertakt-OHV-Motor, Viergang-Blockgetriebe, Kardanantrieb sowie geschlossene Teleskopfederung vorn und hinten) erinnerten stark an die fast gleichzeitig in München in Entwicklung befindliche BMW R 25. Und das kam nicht ganz von ungefähr; gehörte doch auch das BMW-Werk in Eisenach zur Awtowelo-Gruppe und die alten Verbindungen waren noch nicht ganz abgerissen.

Der Motor geriet dann aber doch recht eigenwillig, äußerlich deutlich am geteilten Zylinderkopf, in dem die Ventile V-förmig, hängend angeordnet waren, erkennbar. Alles in allem eine reife Leistung, die da unter Leitung der Ingenieure Helmut Pilz und Ewald Dähn vollbracht wurde. Und das galt sowohl für die Konstruktion, als auch für die Umsetzung in die Produktion. Schon im Juli 1949 konnten die ersten drei Versuchsmuster vorgestellt werden; ein Jahr später standen 25 fertige Maschinen auf dem inzwischen wieder gewachsenen Werksgelände. Am 21.Dezember 1950 lief bereits die 1000.»AWO 425« (Awtowelo, 4-Takt, 250 ccm) vom Montageband – und via Eisenbahn in das Reich Stalins. Ab 1951 tauchte das Motorrad, vorerst nur an staatliche Behörden ausgeliefert, dann auch auf den Straßen der DDR auf.

Ständig weiterentwickelt war die AWO 425, die auch später als »Simson 425« oder »Simson 425 S« (Sport) immer schlicht die »AWO« blieb, zweifellos das beste und schönste Motorrad der DDR. Die staatliche Weisung von 1961, die Produktion des Viertakters einzustellen, war eine Tragödie und eines der schwärzesten Kapitel der DDR-Kraftfahrzeuggeschichte. Bis Januar 1962, dem letzten Produktionsmonat, verließen etwa 209 000 »AWOs« das Suhler Simson-Werk.

BMW / EMW

1928 kauften die Bayerischen Motorenwerke (BMW), bis dato Hersteller von Motorrädern und Flugzeugmotoren (blauer Propeller im Firmensignet), die Fahrzeugwerke Eisenach, um im lukrativen Automobilbau Fuß zu fassen. Die schon 1886 gegründete Eisenacher Fabrik hatte sich längst mit Automobilen der Marken »Wartburg« und »Dixi« einen Namen gemacht. Sogar ein Motorfahrrad hatte eine Zeit lang im Verkaufsprogramm gestanden. Insbesondere der Erfolg des in Lizenz gebauten britischen Austin Seven lockte die Bayern an, die ab 1933 selbst entwickelte 6-Zylinder-Wagen in Eisenach bauen ließen. Dieses vielversprechende und erfolgreiche Konzept fand mit dem Beginn des Zweiten Weltkrieges sein jähes Ende. Dagegen kam die Motorradproduktion bei BMW nicht ganz zum Erliegen; so baute man neben allerlei Kriegsgerät ab 1942, nun in Eisenach, die schwere R 75 für die Wehrmacht. Mit Beginn der alliierten Bombenangriffe auf Deutschland hatte man deren Produktion zusammen mit den Fertigungseinrichtungen der R 35 und den Motorrad-Ersatzteillagern ins Thüringische verlegt.

Die Bomben verschonten Eisenach allerdings nicht. Mehr als die Hälfte der Werksanlagen lag in Trümmern, als die Amerikaner im Frühjahr 1945 in die Stadt am Fuße der Wartburg einzogen. Wie unter Deutschlands Kriegsgegnern schon lange zuvor festgelegt, mussten sie jedoch das Terrain für die Sowjetarmee wieder räumen, die am 3. Juli 1945 die Verwaltung der Region übernahm.

Anders als in den meisten ehemaligen Kraftfahrzeugfabriken auf dem Territorium der Sowjetischen Besatzungszone, blieb das Eisenacher Werk von Demontagen und weiteren Zerstörungen verschont. Und als erster Hersteller durfte BMW in Eisenach sogar schon sehr bald nach Kriegsende wieder Motorräder bauen. Die Montage der

Die typische Behörden-Maschine EMW R 35, hier in der /2-Version von 1952, kam der Polizei in der jungen DDR gerade recht.

verbliebenen Ersatzteile der R 35 zu kompletten Motorrädern begann. Schnell waren die noch vorhandenen Rahmen verbraucht und mussten nun selbst gefertigt werden. Weitere Teile folgten, die mit Hilfe von über 200 Werkzeugmaschinen, die in einem Kalischacht bei Abtrode ausgelagert waren,

wieder produziert werden konnten. Zuliefer-
teile wie Bowdenzüge, Lenkerarmaturen,
Kugellager, Elektrozubehör oder Reifen
konnten dagegen nur mit größter Mühe
beschafft werden. Die meisten Zulieferfirmen
der Kraftfahrzeugindustrie hatten schon
immer im Westen Deutschlands gelegen und
lagen nach Errichtung der Demarkationslinie
als Grenze zwischen der sowjetischen und
den übrigen Alliierten Besatzungszonen fast
so weit entfernt wie der Mond. Die Fabrik-
anlagen der wenigen ostdeutschen Lieferan-
ten waren entweder im Krieg zerstört oder
danach von den Sowjets demontiert worden.
Und obwohl die Eisenacher von den neuen
Machthabern wie kein anderer Fahrzeugbetrieb in ihrem Verwaltungsbereich unterstützt
wurden – schließlich waren alle produzierten
Zweiräder für den sowjetischen Markt bestimmt – blieb oft trotzdem nur der aben-
teuerliche Weg in den Westen, um notwen-
dige Teile zu beschaffen.

Verlief in den ersten Wochen der Montage
noch alles recht chaotisch und planlos,
änderte das der Befehl Nr. 93 der SMAD
vom 13. Oktober 1945 zur »Inbetriebnahme
der Automobil- und Motorradproduktion im
ehemaligen BMW-Werk Zweigniederlassung
Eisenach«. Neben dem PKW BMW 321
und der R 35 entstanden aus vorhandenen
Ersatzteilen auch noch 102 BMW-Motorräder vom Typ R 12 und 232 Stück R 75;
letztere zum Teil als Beiwagengespanne.
1946, dem Jahr, in dem schon 1300
Exemplare der R 35 in die Sowjetunion oder
an sowjetische Behörden in Deutschland
geliefert wurden, bemächtigte sich die russi-
sche Aktiengesellschaft »Awtowelo« des
Betriebes in Eisenach – wie übrigens auch
vieler anderer halbwegs intakter Firmen
Ostdeutschlands. An Privatleute durften erst
1949, im Gründungsjahr der DDR, die
ersten BMW R 35 zum Preis von 2235 Ost-
Mark abgegeben werden. Die wenigsten
konnten sich das leisten.

Nach ersten Exporterfolgen im Westen
strengte BMW in München einen Prozess
gegen die ehemaligen Eisenacher Ableger
an und erlangte alle Marken- und Patentrechte rund um das blau-weiße Firmensignet. Die Thüringer machten aus der Not
eine Tugend und änderten, fast gleichzeitig
mit der Übergabe des Werkes an die IFA
(Industrieverband Fahrzeugbau der DDR),
im Juli 1952 die Bezeichnung des Werkes
zunächst in »Eisenacher Motorenwerke
(EMW)« und wenig später in »VEB IFA
Automobilfabrik EMW Eisenach«. Aus BMW
wurde also EMW und den blauen, rotierenden Propellerflügel des BMW-Zeichens
tauchten die Thüringer nun in kommunisti-
sches Rot. Tatsächlich wurden die Markenzeichen anfangs einfach übermalt. Das
Motorrad selbst erhielt nach technischen
Änderungen die Bezeichnungen R 35/2 und
schließlich R 35/3.

Ende des Jahres 1951 war die 25 000.
R 35 von den Bändern gerollt und im
August 1953 waren es schon doppelt so
viele. Nach noch einmal 58 000 R 35/3
endete im April 1956 die Motorradfertigung
in Eisenach. Nicht etwa, weil die gute alte
R 35 konzeptionell ausgereizt war – moderne Neuentwicklungen, die bis zum Proto-
typenstadium gereift waren, hätten die
Produktion fortsetzen können – sondern weil
es im Ministerium für Maschinenbau als
längst beschlossene Sache galt, zugunsten
der »Großserienfertigung« des neuen DDR-
Mittelklasse PKW »Wartburg 311« die
Motorradfertigung in Eisenach einzustellen.

Fahrrad-Hilfsmotoren

Während auf der IFMA 1953 bereits 26
westliche Moped-Hersteller mit ihren 1 bis
1,5 PS leistenden, meist noch eingängigen
Fahrzeugen um Käufer buhlten und Fahrrad-
Anbaumotoren längst zur Tagesordnung
gehörten, stellte die *Kraftfahrzeugtechnik* in
ihrer Juni-Ausgabe noch die Frage: »Wann

Der Fahrrad-Hilfsmotor »Steppke« trug im Osten ab Mitte der fünfziger Jahre zur Massen-motorisierung bei.

kommt der Fahrradmotor?« Er kam im Herbst 1953 vom VEB Werkzeugfabrik Berlin-Treptow, hieß »Steppke« und wurde unter dem Tretlager normaler Fahrräder montiert, wo er 0,8 PS leistete. 250 Mark kostete der »Steppke«, der bis 1956 rund 30 000 Mal gebaut wurde. Der bessere Anbaumotor, der aus 50 ccm Hubraum 1 PS holte und links am Hinterrad zu instal-lieren war, kam ein halbes Jahr später vom Magdeburger Armaturenwerk (MAW) und ging als der »Maff« in die DDR-Kraftfahr-zeuggeschichte ein. Der Motor mit einem Leichtmetallzylinder kostete anfangs 485, später nur noch 285 Mark und kam mit

über 170 000 Exemplaren in den Handel. Weitaus bescheidener trat der dritte Hilfs-motor mit der Bezeichnung HAZA auf, der aus der privaten Werkstatt des »Zentrifugen- und Motorenbau G. Haza, Dresden« kam. Das 25-ccm-Motörchen verdaute zwischen Diesel und Benzin jeden Brennstoff, war aber in seiner Handhabung recht anspruchs-voll. Mit der staatlichen Vorgabe des Ver-kaufspreises von 250 Mark konnte Gustav Haza seinen Betrieb nicht lange aufrecht erhalten.

Schon 1947 hatte Walter Kratsch in Gößnitz gebläsegekühlte Fahrradhilfsmotoren mit der Bezeichnung Kratmo FM 35 in geringen Stückzahlen gebaut, die sich aber nicht sonderlich bewährten. Mit einem verbesser-ten 40-ccm-Modell 1950/51 hätte er Maß-stäbe setzen können, scheiterte aber an der Behördenwillkür, die ihn schließlich in den Westen trieb. Zuvor war auch sein letzter Versuch, der vielversprechende, über dem Vorderrad angebrachte Reibrollenmotor Student gescheitert.

Das HMW Motor-Fahrrad

Zwei Nummern größer waren die Versuche, die vor dem Krieg so rapide angestiegene Motorfahrrad-Produktion wiederzubeleben. 1950 stellte das »Metall- und Fahrradwerk Hainsberg« das erstmals als »Mofa« be-zeichnete »HMW«-Motorfahrrad vor. Es stell-te praktisch den wenig veränderten, schon vor dem Krieg an gleicher Stelle produzierten Nachbau des Motorfahrrades »National« dar. Kaum war seitens der HO (Handels-Organi-sation) der Verkauf ab 1951 für sagenhafte 1800 DM (Ost) angekündigt, musste das Projekt nach ganzen 32 Exemplaren zu-nächst wieder abgeblasen werden. So viele Fahrzeuge waren noch fast ausschließlich aus Vorkriegsteilen zusammengebaut wor-den, ehe der Materialnachschub versiegte. Vor allem Fichtel & Sachs in Reichenbach/ Vogtland, nach dem Krieg auch in die Awtowelo-Gruppe integriert, konnte die 98-ccm-Motoren nicht wie geplant liefern. Dennoch erhielten die Hainsberger bis 1953 eine bescheidene Produktion aufrecht und hinterließen danach eine Lücke unterhalb der RT 125.

IWL-Roller aus Ludwigsfelde

Ähnlich unverhofft, wie Daimler Benz mit der Grundsteinlegung im September 1936 bei Ludwigsfelde, wenige Kilometer südöstlich von Berlin, eine riesige Flugzeugmotoren-Fabrik aus dem märkischen Boden stampfte, entschied 17 Jahre später die Hauptverwaltung (HV) Automobilbau des Ministeriums für Maschinenbau der DDR, an gleicher Stelle Motorroller zu produzieren.

Natürlich war das Werk, wie viele andere auch, als bedeutender Rüstungsproduzent nach Kriegsende üblicherweise völlig demontiert worden. Erst zum Ende der vierziger Jahre hin begann wieder langsam eine Produktion anzulaufen. Waren es anfangs nur Werkzeugmaschinen, entwickelte sich bald eine bunte Produktionspalette aus Schiffs-, Rennboot- und Flugzeugmotoren, Ölbrennern, Dieselkarren und zeitweilig sogar den Geländewagen P2 und P3. Ab 1954 sollten dann auch Motorroller aus den Montagehallen rollen.

Schon im Vorjahr hatten immer wieder Pressemeldungen von der bevorstehenden Rollerproduktion in der DDR die Runde gemacht. Das Volk des 17. Juni 1953 sollte bei Laune gehalten werden. Dabei hatte man zunächst vermutet, dass der Roller »Hexe« des Konstrukteurs Max Freihoff aus Ehrenhain bei Leipzig das Rennen machen würde (es hatte bis dahin in der DDR schon mehrere Versuche gegeben, eine Rollerfertigung aufzuziehen). Aber die HV-Leitung entschied anders, stellte im September 1953 ein Team (selbstverständlich hieß es »Kollektiv«) aus erfahrenen Ingenieuren und Technikern unter der Leitung von Roland

Berger zusammen und gab ihnen bis zum 21. Dezember, dem Geburtstag Stalins, Zeit (genau 81 Tage), fertige Konstruktionsunterlagen zu erstellen und mindestens ein Versuchsmuster zu bauen. Dies gelang zwar eindrucksvoll, nützte aber – bis auf weitere Pressemeldungen – nicht viel, denn es dauerte noch bis ins Frühjahr 1955 hinein, ehe die Serienproduktion des neuen Motorrollers »Pitty« im VEB Industriewerke Ludwigsfelde (IWL) anlaufen konnte.

Mit seinem üppigen Blechkleid im Stil von Heinkel oder Goggo, das einfach zu demontieren war, wog der Roller aus dem Osten gut drei Zentner, mit denen der Motor der RT 125/1 so seine Mühe hatte. Dennoch: Für 2300 Mark fanden sich mehr als 11.000 Kunden, die mit dem Pitty durchaus zufrieden waren.

Trotzdem präsentierte IWL schon ein Jahr später mit dem »Wiesel«, der die interne Typenbezeichnung SR 56 (Stadtroller 1956) erhielt, einen überarbeiteten Roller, der vor allem 20 kg abgespeckt hatte. Äußerlich am separaten, mitschwenkenden Kotflügel des Vorderrades zu erkennen, hatte sich auch unter dem Blech einiges getan. Mit dem nun 5,5 PS leistenden RT-Triebwerk konnten 76 km/h (Pitty 70 km/h) Spitzengeschwindigkeit erreicht werden. Der Preis des Wiesel blieb gegenüber dem Vorgänger unverändert.

Das galt auch für den drei Jahre später, im April 1959, erfolgten Modellwechsel zum SR 59 »Berlin«. Mit dem auf knapp 150 ccm aufgebohrten Motor der RT 125/3 war der »Berlin« für einen Roller dieser Größe erstmals ausreichend motorisiert und endlich auch mit einem Vierganggetriebe ausgerüstet. Äußerlich kennzeichneten zwei voluminöse Einzelsitze das neue Modell, an das nun auch ein in Ludwigsfelde entwickelter und gebauter Einradanhänger mit der sinnreichen Bezeichnung »Campi« gehängt werden konnte. Mit der Aufnahme üppiger

Mit dem Motorroller »Pitty« wurden durch die BSG Ludwigsfelde auch Straßenrennen bestritten. Hier traten sie zur Zwei-Schleifenfahrt am 21. August 1955 in Karl-Marx-Stadt an. Am Start Horst Auchter (Nr. 3), Helmut Forster (Nr. 2) und Hans Rademacher (Foto: Archiv Jordan).

Campinggepäcks hatte der ebensowenig Mühe, wie der 7,5 PS leistende Motor mit dem ganzen Gefährt samt Sozius. Die Bezeichnung »Stadtroller« stimmte auch deshalb für den solo 85 km/h schnellen »Berlin« längst nicht mehr.

Deshalb hieß der ab Januar 1963 erhältliche Nachfolger auch »Troll 1«, was nichts mit kleinen Männchen zu tun hatte, sondern aus »Touren-Roller« abgeleitet war. Ein völlig neues Rollerkonzept, das wesentlich von der Zschopauer ES 150 geprägt war, bediente nun die Kundschaft in der DDR und den seit 1960 stark gewachsenen Exportmarkt. Hervorragende Fahreigenschaften, gepaart mit einem nicht sonderlich originellen

Design, bescherten dem Troll in knapp zwei Jahren 56 500 Kunden, die bereit waren, 2550 Mark für den letzten großen Roller Made in DDR zu bezahlen. Ende 1964 war Schluss: Nach 240.000 Rollern begann man das Ludwigsfelder Werk auf die Großserienfertigung des LKW W 50 vorzubereiten. Der nach wie vor vorhandene Rollerbedarf sollte künftig aus CSSR-Importen gedeckt werden.

50er und 70er von Simson-Suhl

Im Herbst 1953 entschied eine Arbeitsgruppe des Maschinenbau-Ministeriums über den Standort des künftig in der DDR in Großserie zu bauenden Mopeds. Die Fachleute sahen, nicht zu unrecht, in Suhl die idealen Voraussetzungen für eine möglichst kurzfristig zu startende Moped-Produktion. Im Westen Deutschlands hatte der Moped-Boom inzwischen einen ersten Höhepunkt erreicht. Hier durften die in verstärkte Fahrrad-Rahmen eingesetzten Motoren mit Pedalen (Moped) nicht mehr als 50 ccm

Das BSW-Motorfahrrad (BSW stand nach der Enteignung der Familie Simson durch die Nazis für »Berlin-Suhler-Waffenfabrik«) gilt als Urahn der späteren Simson-Mopeds.

Hubraum besitzen und das Fahrzeug, das maximal 33 Kilogramm auf die Waage zu bringen hatte, nicht schneller als 40 km/h sein. Die ostdeutsche Konstruktion hielt sich da nur an die Hubraumgröße, ansonsten setzten die Suhler Ingenieure eigene Maßstäbe. Während sie am Fahrgestell feilten, waren Zschopauer Zweitakt-Spezialisten dabei, den Motor zu entwickeln und serienreif zu machen. Als Standort für die Motorenfertigung bestimmten Regierungsvertreter den VEB Büromaschinenwerk Rheinmetall in Sömmerda, der davon alles andere als begeistert war und sich immer wieder als echter Hemmschuh erwies. Im Juni 1955 begann nach vielen Schwierigkeiten schließlich die Serienfertigung des »SR 1« (S für Suhl, R für Rheinmetall). Mit seinen dünnen

Blechteilen, dem Einrohrrahmen und den großen 26-Zoll-Rädern erinnerte das erste Suhler Moped den Betrachter noch sehr an ein Fahrrad. Aber damit lag die thüringische Neuschöpfung durchaus im Trend. Im Inland konnte das neue Moped für 990 Mark (Ost) erworben werden. Einzige Lackierung blieb hier »Maron«. Mit verchromten Naben, Alufelgen und Farbgebungen in Beige, Blau oder Lindgrün geriet das SR 1 schnell zum Exportschlager, nicht nur im sozialistischen Ausland.

Ab Frühjahr 1957 lief als Nachfolgetyp das »SR 2« von den Hängebändern. 23 Zoll-Räder, tief gezogene Kotflügel, ein größerer Tank und ein stabiler Gepäckträger waren die äußeren Unterscheidungsmerkmale des nun nicht mehr so fahrradähnlichen Kraftrades. Der Motor Rh 50 II konnte mit dem Pedaltrieb im Stand angeworfen werden, während das SR 1 vorher noch ein paar Meter fahrradmäßig fortbewegt werden musste. 1050 Mark kostete das neue Modell in den Farben Maron und Beige-grau. Für den Export gab es schicke Zweifarben-Lackierungen.

Eigentlich nur für den Export vorgesehen (der Anteil ins Ausland gelieferter Mopeds betrug zeitweise über 30 %) schickte Simson im Dezember 1959 eine verbesserte Version, jetzt »SR 2E« genannt (E für Export), ins Rennen. Aufgrund der mehr und mehr hinter westlichem Niveau zurück bleibenden Technik des SR 2, löste das E-Modell den Grundtyp gleichzeitig auch im Inland ab. Die wesentlichsten Änderungen betrafen die Radführungen, die Leistung des Motors, und frische Farben sollten schließlich auch die Importeure in jetzt schon 45 Ländern bei Laune halten. Aber das fiel schwer. International hatte sich für die kleinen 50-ccm-Krafträder längst die Bauweise mit Schalenrahmen sowie moderneren Fahr- und Triebwerken durchgesetzt. Freilich hatten auch die Suhler ein solches Fahrzeug im Petto, durften es aber, staatlich verordnet, nicht produzieren. Grund: der Mangel an Karosserieblech in der DDR. Die Folgen bekam Simson 1963 zu spüren, als die Produktionszahlen weiter nach oben stiegen, der Verkauf aber stagnierte. Das SR 2E wurde, trotz möglicher Ratenzahlung, auf Halde produziert.

Vom Blechmangel betroffen war auch der seit Juni 1958 in Produktion befindliche Kleinroller »KR 50«. Für seine üppige Verkleidung stand nie genügend Material zur Verfügung, was schon den Kaufinteressenten des Schwalbe-Vorläufers monatelang Geduld abverlangte. Für 1150 Mark erhielt man schließlich ein unkonventionelles Zweirad, das vor Schmutz und Nässe schützte und mit guten Fahrleistungen aufwartete.

Der Nachfolger des KR 50, die legendäre »Schwalbe« (KR 51), begründete zu Beginn des Jahres 1964 die zweite Suhler Kleinkraftrad-Generation, die berühmte »Vogelserie«. Neben der Rahmen- und Fahrwerks-

entwicklung waren die Suhler Techniker inzwischen auch gezwungen, ein neues Triebwerk selbst zu konstruieren und dessen Fertigung nach Suhl zu verlegen – ein wesentlicher Grund für das Ende der Simson 425. Die Zukunft weisende Motor-Konstruktion konnte mit drei oder vier Getriebegängen, Hand- oder Fußschaltung, mit Leistungen von 2 bis 4,6 PS, fahrtwind- oder zwangsgekühlt, mit automatischer Anfahr- oder Schaltkupplung gefertigt werden. Der neue Kleinroller erhielt als erster die Simson-Antriebseinheit. Mit drei Gängen (zunächst noch handgeschaltet), 3,4 PS und Gebläsekühlung werkelte sie vier Jahre lang unter dem Blechtunnel und durfte den zweisitzigen Roller, mit behördlicher Genehmigung, 60 km/h schnell machen.

22 Produktionsjahre ließen die »Schwalbe« äußerlich zwar nahezu unverändert erscheinen, unter dem Blechkleid passten die Simson-Ingenieure den Kleinroller aber immer wieder dem aktuellen Entwicklungsstand an. Und es gab eine reichliche Typenvielfalt, wie auf den entsprechenden Seiten zu sehen sein wird. 1979 hielt die dritte, fahrtwindgekühlte, Motorengeneration in der »Schwalbe« Einzug. Leicht gesteigerte Leistung, 10 % weniger Kraftstoffverbrauch, Mischungsschmierung 1:50 und drei- oder viergängiges Ziehkeilgetriebe waren die wichtigsten Retuschen. Ein nach rechts verlegter Auspuff kennzeichnete die neue Modellreihe. Weitere Simson-Vögel flogen aus dem Nest: Im Sommer 1964 löste der »Spatz« das SR 2E ab und war für die nächsten Jahre das Suhler Einstiegs-Modell zum unverändert gebliebenen Preis. Der Rahmen, eine Kombination aus nahtlosem Rohr und einem aus zwei Schalen bestehenden Sitzträger, bildete auch das Rückgrat der anderen Vogel-Modelle. Ebenso waren Räder, Federbeine, Kettenkapselung und Bremsen dem neuen Baukasten entnommen. Lediglich der alte Sömmerdaer Zwei-

gang-Motor und die vordere Radaufhängung stammten noch vom SR2E. Wenige Wochen nach Produktionsbeginn wurde dem SR 4-1P (Pedale) das SR 4-1 K mit Kickstarter

Das erste DDR Moped SR 1 aus Suhl kam 1955 zwar ein wenig spät, war insgesamt aber durchaus eine gelungene Konstruktion.

zur Seite gestellt und 1968 von ihm, mit nun Simson-eigenem Motor, abgelöst. Eine von 2 auf 2,3 PS gesteigerte Motorleistung ließ trotzdem nur 50 km/h zu, womit der Spatz unter anderem auch den westdeutschen Zulassungsbestimmungen entsprach und hier für 548 DM angeboten wurde.

Kurz nach dem »Spatz« lief die Produktion

des Stars unter den Vögeln an. Und so hieß er dann auch, der 1200 Mark teure SR 4-2 mit Vollschwingenfahrwerk, Doppelsitzbank und gefälligem Finish. Besonders die Jugend fuhr auf das sportliche Mokick ab und musste immer längere Lieferfristen in Kauf nehmen.

Für Motorrad-Einsteiger brachte Simson 1966 das SR 4-3 »Sperber« auf den Markt. Auf den »Star« basierend, verfügte dieser Vogel unter anderem über einen fahrtwindgekühlten, 4,6 PS starken und mit Vierganggetriebe ausgerüsteten Motor, eine verlängerte Sitzbank, einen 9,3 Liter fassenden Knieschluss-Tank und hydraulisch gedämpfte Federbeine. Der Absatz blieb aber hinter den Erwartungen zurück; Steuer- und Versicherungskosten und vor allem der geforderte Motorrad-Führerschein für das 75 km/h schnelle Kleinkraftrad hielten die Kundschaft ab.

Aus der Not eine Tugend machend, ersetzte Simson 1972 den zu starken Motor durch denjenigen des »Stars«, übernahm das Vierganggetriebe und auch sonst bis auf die Lackierung fast alles vom »Sperber« und hatte so den SR 4-4 »Habicht« kreiert, der wieder für steigende Umsätze sorgte.

1968 – die Vögel flogen auf Hochtouren – wurden die Moped-Produzenten mit dem Suhler Jagdwaffenwerk zum »VEB Fahrzeug- und Jagdwaffenwerk Ernst Thälmann Suhl« vereinigt und zwei Jahre später mit MZ Zschopau und dem Mifa-Fahrradwerk Sangerhausen in das IFA-Kombinat für Zweiradfahrzeuge integriert.

Am westlichen Markt orientiert und um breitere Käuferschichten zu erschließen, brachte Simson 1970 das Mofa »SL 1« mit 1,6 PS-Motor und 30 km/h Dauergeschwindigkeit heraus. Großer Durchstieg, Gepäckträger vorn, Tank hinter dem Sattel und die kräftige Ballonbereifung prägten das Erscheinungsbild des Mofas. Trotz später eingeführter Federung des Vorderrades half es nichts:

Das Mofa, das auch nur mit Führerschein und Helm gefahren werden durfte, wollte sich nicht recht verkaufen. Am 31. März 1972 wurde das Intermezzo nach 60.000 produzierten Exemplaren beendet.

Inzwischen lief in Suhl die Vorbereitung des Serienstarts der dritten Kleinkraftrad-Generation, die allerdings um einige Jahre zu spät kam. Die S 50-Mokicks hatten mit dem ursprünglichen Moped bis auf einen 50-ccm-Motor nichts mehr gemein. Endgültig hatte sich ein sportlicher Motorrad-Charakter mit Zentralrohrrahmen, elastischer Motoraufhängung, hydraulisch gedämpften Federbeinen hinten und Telegabel vorn, durchgesetzt. Der halbhohe Lenker, ein großer Tank (9,5 l) mit Knieschluss, die lange Doppelsitzbank und ein Motorrad-Gepäckträger prägten außerdem die Linienführung. Räder und Bremsen blieben die Altbewährten. So auch der Dreigangmotor, der jetzt 3,6 PS leistete. Die Höchstgeschwindigkeit blieb bis zum Ende der DDR auf 60 km/h festgeschrieben.

1978 vermittelte ein neugestalteter Kraftstofftank dem S 50 eine noch gestrecktere, sportlichere Linie. Auch antriebsmäßig wurde noch einmal nachgebessert.

Der bereits 1979 für die Schwalbe verwendete Motor hielt Anfang 1980 auch bei den Mokicks Einzug. Die großzügige Verrippung von Zylinder und Zylinderkopf prägte die charaktervolle Erscheinung. S 51 hieß die neue, auch am Flachscheinwerfer erkennbare Mokick-Reihe, die eine bisher nie gekannte Modellvielfalt entwickelte. Die Enduro- und Comfort-Modelle gab es ab 1983 auch mit aufgebohrtem Motor als S 70E und S 70C. Eine letzte Änderung der Mokick-Palette zu DDR-Zeiten erschien dann noch einmal 1989: Die Typen S 51/1B, S 51/1E, S 51/1C und S 70/1E erhielten 12 Volt Bordspannung und Halogenbeleuchtung für die gehobene Klasse.

1986, nach wiederholtem Anlauf und 1,06 Millionen produzierten »Schwalben«, durfte

»Schwalbe«, »Star« und »Sperber« begannen Ende der sechziger Jahre die Jugend der DDR mobil zu machen. Die Fahrzeuge der so genannten »Vogelserie« erfreuten sich tatsächlich einer äußersten Beliebtheit.

dieses Suhler Urgestein endlich durch eine Neukonstruktion ersetzt werden. Und die zeigte, dass es immer noch genügend fachliche Kompetenz in der DDR gab, um moderne Kraftfahrzeuge zu entwickeln. Eine Telegabel mit 130 mm Federweg, kleine 12-Zoll-Räder und eine üppige Sitzbank waren die markantesten Punkte des »Mokick-Rollers« SR 50. Dazu gesellten sich unter anderem eine Hinterradschwinge mit verstellbaren Federbeinen, die Vierleuchten-Blinkanlage und ein weißer, sichtbarer Kunststofftank unter dem Sitzbankvorderteil. Die Modellvielfalt war ähnlich, wie bei den Mokicks gestaltet, wobei es ab 1987 dann

das Comfort-Modell SR 50CE erstmals mit Elektrostarter gab. Ab diesem Jahr fand auch der auf 70 ccm aufgebohrte Motor im Roller SR 80CE Verwendung.

Die Simson-Zweiräder nach 1990

Für Simson bedeuteten die Mitte der 80er Jahre festgelegten Beschränkungen im Zweiradbau den Abschied vom S 52, einem in der Entwicklung befindlichen Mokick mit grundlegend überarbeitetem Fahrwerk (z.B. hinteres Zentralfederbein), das zum Ende des Jahrzehnts die S 51-Reihe hätte ablösen sollen.

Statt dessen stellte Simson auf der Leipziger Herbstmesse 1989 eine Mokick-Studie mit der Bezeichnung S 53 vor, deren Serienumsetzung zu dieser Zeit noch in den Sternen stand. Diese fielen nach dem 9. November 1989 aber auch in Suhl bald vom Himmel, so dass mit Hochdruck an der Produktions-

umstellung gearbeitet wurde. Dabei galt es lediglich, Designänderungen der Anbauteile an das altbewährte Fahr- und Triebwerk anzupassen. Eine angedeutete Kanzel um den Scheinwerfer herum, ein neuer Tank, neue Seitenteile und schließlich ein neuer hinterer Kotflügel aus Kunststoff ließen das neue Mokick tatsächlich nicht schlecht aussehen. Die Sitzbank übernahmen die Konstrukteure vom SR 50/80. Als das Fahrzeug dann im September 1990 endlich auf den inzwischen nicht wiederzuerkennenden Markt kam, galten die alten Werte nichts mehr. Die bis Ende 1991 vorgestellten acht Modellvarianten wurden zum Teil nicht einmal mehr mit Losgrößen in Serie gebaut. Bei den Typenbezeichnungen hielt man am bewährten Muster fest. Gestartet wurde mit dem S 53 N als Basisversion, dem B-Modell mit mittlerer Ausstattung, dem S 53 C mit Drehzahlmesser und der Enduro-Variante S 53 E. Die Enduro blieb zunächst auch das einzig angebotene Achtziger-Modell (70-ccm-Motor). Ende 1991, es lief so gut wie nichts mehr, warf Simson noch das S 83 OR (Off Road) mit längerer Telegabel, 19/17″ Rädern und Scheibenbremse vorn ins Rennen. Aber das half ebenso wenig wie die S 53 CX / S 83 CX-Typen, mit eben diesen Scheibenbremsen und Aluminiumgussrädern. Mit knapp 5000 verkauften Mokicks (Roller waren zuletzt schon nicht mehr im Programm) verkaufte Simson in einem Jahr so viel Zweiräder, wie noch zu Vorwendezeiten in einem Monat. Die großen Zeiten des Thüringischen Fahrzeugbaus schienen ein für allemal vorbei. Mit Wirkung vom 1.Mai 1990 erfolgte die Umstrukturierung des Simson-Werkes und der Fahrzeugbetrieb firmierte nun als »Simson Fahrzeug GmbH Suhl« und war, wie alle anderen ehemaligen VEB, der Treuhand unterstellt.
30.000 verkaufte Fahrzeuge in 1991 hätten den Suhlern eine Verschnaufpause ver-

schafft. Nicht mal 20 % dieser Vorgabe bedeuteten am 31.Dezember 1991 jedoch das endgültige Aus.

Schon im November 1991 gründeten einige führende Mitarbeiter mit Unterstützung des Liquidators Johlke und der Aachener Gesellschaft für Rationalisierung die »Suhler Fahrzeugwerk GmbH«. Diesem Team gelang es, nach wochenlangem Tauziehen, die Marktfähigkeit der letzten Typenreihen unter Beweis zu stellen, so dass ab Februar 1992 wieder produziert werden konnte. Knapp 200 Mitarbeiter hatte die neue GmbH aus dem alten Stamm rekrutiert und baute nun täglich rund 20 Fahrzeuge der letzten Mokick- und Rollertypen. Im Mai führte man dazu das S 53 OR ein und im Herbst kam das einzigartige Lastendreirad SD 50 LT auf den Markt. Die wirtschaftliche Situation der neuen Firma stabilisierte sich. Der im April erschienene, leicht überarbeitete Roller SR 50 X trug zu diesem Ergebnis nicht unerheblich bei.

Ab Januar 1994 konnte die junge GmbH endlich auch mit einem komplett neuen Typenprogramm aufwarten. Freilich waren die Fahrzeuge grundsätzlich noch die alten, aber immerhin konnte man noch einmal überarbeitete Anbauteile und vor allem knackige Farben vorweisen. In die Typen »alpha« und »beta« (Enduro) teilten sich die Mokicks, der Roller stand folgerichtig als »gamma« im Prospekt. Mit dem Zusatz »E« schrieb letzterer ab September 1994 mit Batterieantrieb Rollergeschichte. Endlich war man auch auf dem ab 15 Jahren offenen Mofa-Markt präsent. Alle Modelle konnten nämlich mit gedrosseltem Motor angeboten werden, der, je nach Bedarf, auch wieder auf volle Leistung zurückgerüstet werden konnte.

Einen vorläufigen Höhepunkt erlebte die Suhler Fahrzeugwerk GmbH nach dem Serienstart des völlig neu entwickelten Rollers »Star 50« im März 1996. Das zwölfköpfige Entwicklungsteam stieß mit dieser Neuentwicklung erstmals seit der Nachkriegszeit tatsächlich in die Weltspitze vor. Trotzdem schaffte »der einzige Motorroller Made in Germany« (Simson-Werbung) nicht den ganz großen Durchbruch. Da half es auch nichts, dass man neben dem Star noch weitere altbekannte Namen wieder auferstehen ließ: Die Mokicks und Mofa-Mokicks der bisherigen Baureihen erhielten

In den Jahren nach 1990 wurde durch ein geschicktes Spiel mit Farben und Design-Experimenten aus faktisch einem Mokick-Grundtyp eine ganze Flotte von Mofas, Klein- und Leichtkrafträdern auf den Markt gebracht. Den »Sperber Beach-Racer« gab es ab 1997 ebenfalls in diesen drei Klassen.

die Bezeichnung »Habicht« und »Sperber«, wobei letzterer in der 50er und 80er Klasse ebenfalls mit Zentralfederbein aufwartete. Mit dem »Albatross«, als Bezeichnung für das Lastendreirad, wurde ein bisher im Thüringischen noch unbekannter Vogel in die Familie aufgenommen.
Im Jubiläumsjahr 1996 (100 Jahre Zweiradbau bei Simson) geriet der Verkaufsmotor ins Stocken. Dazu trug eine kleine Gesetzesänderung bei, die den Rollermarkt in neue Bahnen lenkte: Ab 16 durfte Mann oder Frau nun auch in Deutschland auf dem vorderen Sitz eines 125-ccm-Zweirades Platz nehmen. Außerdem war diese Klasse jetzt bestimmten Jahrgängen von PKW-Führerscheininhabern zugänglich. Die Nachfrage nach Rollern und Motorrädern dieser Kate-

gorie nahm sprunghaft zu. Wohl dem Hersteller, der die Kundschaft schnell bedienen konnte! Simson stand mit leeren Händen da, hatte mit der Entwicklung eines 125-ccm-Motorrades gerade erst begonnen. 1997 nahmen die Umsatzrückgänge bedrohliche Ausmaße an, das Land Thüringen musste finanziell einspringen und die Firmenstruktur geändert werden. Entwicklung und Marketing spalteten sich von der Suhler Fahrzeugwerk GmbH ab und wurden in der »Simson Zweirad GmbH« ab September 1997 neu positioniert. Genau ein Jahr später übernahm diese neue GmbH auch die Fahrzeugproduktion, die bis dahin bei der Suhler Fahrzeugwerk GmbH verblieben war. Seit 1. September 1998 gab es aktiv somit nur noch die Simson Zweirad GmbH.

Um die offiziell über 800 Simson-Händler kurzfristig mit einer breiteren Produktpalette im Rollerbereich versorgen zu können, übernahm Simson teilweise die Vertriebsrechte des taiwanesischen Herstellers Her Chee. Unter dem Markennamen »Sula« sind seit Herbst 1998 die 50- 100- (je Zweitakt) und 125-ccm- (Viertakt) Versionen mit der Bezeichnung »City Bird« und »Thunder Bird« im Angebot gewesen, die hier aber nicht vorgestellt werden (wie auch die vom

italienischen Hersteller HRD für Simson gebauten 125er GS- und SM-Modelle nicht Gegenstand dieses Buches sind).

Ganz große Erwartungen setzte man in Suhl auf das neue 125-ccm-Motorrad »Schikra« mit Honda-Viertakt-Motor (Lizenzbau in Taiwan), dessen Verkaufsstart allerdings auf die ungünstigen Herbstmonate 1998 verschoben werden musste. Eine Sportausführung des Viertakt-Motorrades sollte das Überleben des Unternehmens zu Beginn des neuen Jahrtausends sichern, ebenso das offene Mini-Bike »Spatz« oder der »Star« mit 100-ccm-Motor.

Gleichwohl währte das Leben der Simson Zweirad GmbH nur kurz, im Januar 2000 musste sie Konkurs anmelden. Den letzten Rettungsversuch unternahm Klaus Bänsch, ein schwäbischer Unternehmer, der mit noch rund 80 Mitarbeitern (von einst 4000) die Produktion unter dem Namen »Simson Motorrad GmbH« weiterführte und Großes plante. Die Produktpalette wurde gestrafft und italienisch-chinesische Viertaktroller sollten das Geschäft ankurbeln. Aber das alles half nichts: Im Sommer 2002 meldete Simson erneut Konkurs an und im September liefen die letzten Mokicks vom Band. Aus! Für immer!?

AWO 425 (Urmodell)

Produktionszeit:	1949/50
Stückzahl:	124 000 (AWO gesamt)
Motor:	1-Zylinder-4-Takt
Kühlung:	Fahrtwind
Hubraum:	247 ccm
Bohrung x Hub:	68 x 68 mm
Verdichtung:	6,7:1
Leistung:	12 PS / 5500/min
Vergaser:	BVF Flachschieber N 22-2
Zündung:	IKA Magnetzündung
Kupplung:	Einscheiben-Trocken-kupplung
Getriebe:	Zahnrad, 4 Gänge
Rahmen:	geschl. Stahlrohrrahmen, geschweißt, mit doppeltem Unterzug
Federung vorn:	Teleskopgabel
Federung hinten:	Geradweg-Teleskopfeder.
Reifen vorn:	3,25 x 19
Reifen hinten:	3,25 x 19
Bremse vorn:	Halbnabe, 160 mm
Bremse hinten:	Halbnabe 180
Leergewicht:	140 kg
Tankinhalt:	12 Liter
Höchstgeschw.:	100 km/h
Neupreis:	nicht verkäuflich

Im Dezember 1948 ordneten die Sowjets an, ein Mittelklasse-Motorrad in Suhl zu entwickeln. Die Vorgaben an die deutschen Konstrukteure (250 ccm, 12 PS, Einzylinder-Viertakt-OHV-Motor, Viergang-Blockgetriebe, Kardanantrieb sowie geschlossene Teleskopfederung vorn und hinten) erinnerten stark an die fast gleichzeitig in München in Entwicklung befindliche BMW R 25. Der Motor geriet dann aber doch recht eigenwillig: Der geteilte Zylinderkopf, in dem die Ventile v-förmig, hängend angeordnet waren, machte dies auch von außen deutlich erkennbar. Schon im Juli 1949 konnten die ersten drei Versuchsmuster vorgestellt werden; ein Jahr später standen 25 fertige Maschinen auf dem inzwischen wieder vergrößerten Werksgelände. Am 21. Dezember 1950 lief bereits die 1000. »AWO 425« (Die Bezeichnung leitete sich ab von »Awtowelo«, »4-Takt« und »250« ccm) vom Montageband. Die ersten Vorserien-AWOs mit rotem Tank und grünem Markenzeichen gelten heute als die »Ur-AWOs«.

AWO 425

Produktionszeit:	1951-1955
Stückzahl:	124 000 (AWO gesamt)
Motor:	1-Zylinder-4-Takt
Kühlung:	Fahrtwind
Hubraum:	247 ccm
Bohrung x Hub:	68 x 68 mm
Verdichtung:	6,7:1
Leistung:	12 PS / 5500/min
Vergaser:	BVF Flachschieber N 22-2
Zündung:	IKA Magnetzündung
Kupplung:	Einscheiben-Trocken-kupplung
Getriebe:	Zahnrad, 4 Gänge
Rahmen:	geschl. Stahlrohrrahmen, geschweißt, mit doppeltem Unterzug
Federung vorn:	Teleskopgabel
Federung hinten:	Geradweg-Teleskopfeder.
Reifen vorn:	3,25 x 19
Reifen hinten:	3,25 x 19
Bremse vorn:	Halbnaben, 160 mm
Bremse hinten:	Halbnaben 180 mm
Leergewicht:	140 kg
Tankinhalt:	12 Liter
Höchstgeschw.:	100 km/h
Neupreis:	2420 Mark (Ost)

Ab 1951 tauchte das Motorrad, vorerst nur an staatliche Behörden ausgeliefert, dann auch auf den Straßen der DDR auf. Auf Wunsch konnte die AWO ab Werk mit einem Seitenwagen von Stoye geliefert werden.

Ständig wurde die Konzeption weiter entwickelt, wobei die grundlegenden Leistungsdaten immer gleich blieben. So erhielt die Teleskopgabel 1952 eine hydraulische Dämpfung, der Auspuff 1954 eine Zigarrenform und der Antriebsblock ein besser zu schaltendes Getriebe. 1953 ging man auch vom grünen Tankabziehbild zur goldunterlegten Plakette mit schwarzem AWO-Schriftzug und rotem Blitz über.

AWO 425 R

1953 erging an die Suhler Konstrukteure der Auftrag, auf der Basis der AWO eine Straßenrennmaschine zu entwickeln und in einer Kleinserie herzustellen. Daraufhin entstanden 15 Maschinen mit deutlichen Änderungen gegenüber dem Serienmodell: Zylinderkopf, Zylinder und Ölwanne aus Leichtmetall, schon am Steuerkopf beginnende Rahmengabelung, geneigt eingebauter Rennvergaser, 40 mm Krümmer und Megaphon, Renngetriebe, geringere Schwungmasse usw. Die Maschine war anfangs sehr erfolgreich und setzte sich oft auch gegen westliche Konkurrenz durch.
In der Folgezeit entstanden zwar weitere Rennmaschinen in Suhl, jedoch nicht mehr in Serienstückzahlen, wie die auf dem Bild links abgebildete AWO 425 R.

Produktionszeit:	1953
Stückzahl:	15
Motor:	1-Zylinder-4-Takt
Kühlung:	Fahrtwind
Hubraum:	247 ccm
Bohrung x Hub:	68 x 68 mm
Verdichtung:	10:1
Leistung:	24 PS / 8000/min
Vergaser:	BVF Rennvergaser
Zündung:	IKA Magnetzündung
Kupplung:	Einscheiben-Trockenkuppl.
Getriebe:	Zahnrad-Renn., 4 Gänge
Rahmen:	geschl. Stahlrohrrahmen, doppelter Unterzug
Federung vorn:	Teleskopgabel
Federung hinten:	Geradweg, Reibungsdämpfung
Reifen vorn:	2,5 x 19
Reifen hinten:	2,5 x 19
Bremse vorn:	k.A.
Bremse hinten:	k.A.
Leergewicht:	115 kg
Tankinhalt:	k.A.
Höchstgeschw.:	k.A.
Neupreis:	nicht verkäuflich

Simson 425 T

Nach der Einführung der sportlichen AWO 425 S erhielt die alte AWO 425 nun zur Unterscheidung den Zusatz »T« für Touren und blieb bei 12 PS Motorleistung. Im Verlaufe des gleichen Jahres, mit dem Beginn der Mopedfertigung in Suhl, änderten sich die Typenbezeichnungen in Simson 425 T und Simson 425 S. Das Tankemblem änderte sich zum dritten und letzten Mal. Für den Volksmund blieben die Suhler Viertakter stets die »AWO«.

Produktionszeit:	1955-1960
Stückzahl:	124 000 (AWO gesamt)
Motor:	1-Zylinder-4-Takt
Kühlung:	Fahrtwind
Hubraum:	247 ccm
Bohrung x Hub:	68 x 68 mm
Verdichtung:	6,7:1
Leistung:	12 PS / 5500/min
Vergaser:	BVF Rundsch. 22 KN 2-1
Zündung:	IKA Magnetzündung
Kupplung:	Einscheiben-Trockenkuppl.
Getriebe:	Zahnrad, 4 Gänge
Rahmen:	geschl. Stahlrohrrahmen, doppelter Unterzug
Federung vorn:	Teleskopgabel
Federung hinten:	Geradweg, Reibungsdämpfung
Reifen vorn:	3,25 x 19
Reifen hinten:	3,25 x 19
Bremse vorn:	Trommel, 180 mm
Bremse hinten:	Trommel 180 mm
Leergewicht:	140 kg
Tankinhalt:	12 Liter
Höchstgeschw.:	100 km/h
Neupreis:	2420 Mark (Ost)

AWO/ Simson 425 S

Produktionszeit:	1955-1961
Stückzahl:	84 600 (alle S-Modelle)
Motor:	1-Zylinder-4-Takt
Kühlung:	Fahrtwind
Hubraum:	247 ccm
Bohrung x Hub:	68 x 68 mm
Verdichtung:	7,2:1
Leistung:	14 PS / 6300/min
Vergaser:	BVF Rundschieber 25,5 KN 2-1
Zündung:	IKA Magnetzündung
Kupplung:	Einscheiben-Trockenkuppl.
Getriebe:	Zahnrad, 4 Gänge
Rahmen:	geschl. Stahlrohrrahmen, geschweißt, mit doppeltem Unterzug
Federung vorn:	Teleskopg., hydr. ged.
Federung hinten:	Schwinge, Federbeine
Reifen vorn:	3,25 x 18
Reifen hinten:	3,25 x 18
Bremse vorn:	Vollnaben, 180 mm
Bremse hinten:	Vollnaben, 180 mm
Leergewicht:	162 kg
Tankinhalt:	16 Liter
Höchstgeschw.:	110 km/h
Neupreis:	3200 Mark (Ost)

1955 präsentierte Simson die AWO 425 S. Das S stand für Sport, was eine völlig neue Fahrwerkskonzeption mit gefälliger Linienführung bedeutete. Motor und Kardanantrieb blieben praktisch unverändert; eine Überarbeitung von Zylinder und Zylinderkopf ermöglichte eine Leistungssteigerung auf 14 PS. Noch im Erscheinungsjahr wechselte die Bezeichnung von AWO in Simson 425 S. Die S-Modelle kennzeichneten ab 1956 zwei, eine flüssige Linie bildende Einzelsitze, neue Lackierungen und Chromspiegel an den Tanks der Exportvarianten. 1958 gab es unter anderem einen längeren Schalldämpfer.

Simson 425 S

Produktionszeit:	1961/62
Stückzahl:	84 600 (alle S-Modelle)
Motor:	1-Zylinder-4-Takt
Kühlung:	Fahrtwind
Hubraum:	247 ccm
Bohrung x Hub:	68 x 68 mm
Verdichtung:	8,3:1
Leistung:	15,5 PS / 6800/min
Vergaser:	BVF Rundschieber 25,5 KN 2-1
Zündung:	IKA Magnetzündung
Kupplung:	Einscheiben-Trockenkuppl.
Getriebe:	Zahnrad, 4 Gänge
Rahmen:	geschl. Stahlrohrrahmen, doppelter Unterzug
Federung vorn:	Teleskopg., hydr. ged.
Federung hinten:	Schwinge, Federbeine
Reifen vorn:	3,25 x 18
Reifen hinten:	3,25 x 18
Bremse vorn:	Vollnaben, 180 mm
Bremse hinten:	Vollnaben, 180 mm
Leergewicht:	162 kg
Tankinhalt:	16 Liter
Höchstgeschw.:	110 km/h
Neupreis:	3200 Mark (Ost)

Durch die völlige Neukonstruktion von Kolben und Zylinder konnte die Motorleistung der »S« ab Frühjahr 1961 auf 15,5 PS gesteigert werden. Eine Gummilagerung der Antriebseinheit verringerte die Schwingungen und eine neue Lichtmaschine mit 60/90 Watt (vorher 45/60) sorgte ebenso für eine Gebrauchswertsteigerung, wie doppeltwirkende, hydraulische Stoßdämpfer.

Die Simson 425 war zweifellos das beste und schönste Motorrad, das es je in der DDR gegeben hatte. Die staatliche Weisung von 1961, die Produktion des Viertakters zugunsten der Mopedfertigung einzustellen, zählt zu den schwärzesten Kapiteln der DDR-Kraftfahrzeuggeschichte. Bis Januar 1962, dem letzten Produktionsmonat, verließen etwa 209 000 »AWOs« das Suhler Simson-Werk.

Simson 425 GS

Produktionszeit:	1957-1959
Stückzahl:	ca. 80
Motor:	1-Zylinder-4-Takt
Kühlung:	Fahrtwind
Hubraum:	247 ccm
Bohrung x Hub:	68 x 68 mm
Verdichtung:	8:1
Leistung:	17,5 PS / 7200/min
Vergaser:	BVF Flachschieber N261
Zündung:	IKA Magnetzünder
Kupplung:	Einscheiben-Trockenkuppl.
Getriebe:	Zahnrad, 4 Gänge
Rahmen:	geschl. Stahlrohrrahmen, doppelter Unterzug
Federung vorn:	Teleskopgabel, hydr. ged.
Federung hinten:	Schwinge, Federbeine
Reifen vorn:	3,5 x 19
Reifen hinten:	4,0 x 18
Bremse vorn:	Vollnaben, 180 mm
Bremse hinten:	Vollnaben, 180 mm
Leergewicht:	157 kg
Tankinhalt:	16 Liter
Höchstgeschw.:	k.A.
Neupreis:	k.A.

Wie 1953 mit den 15 Rennmaschinen geschehen, sollte für den in der DDR immer populärer werdenden Geländesport ebenfalls eine Kleinserie in Suhl aufgelegt werden. 1957 wurde dies mit insgesamt 60 Motorrädern realisiert. In den Folgejahren kamen in geringeren Stückzahlen noch einige Maschinen dazu. 17 PS leisteten diese Enduros in der Ausführung mit dem 250-ccm-Motor. Abgegeben wurden sie an den Export oder an staatlich organisierte Motorsportclubs. In Suhl waren auch 350er Geländesportmaschinen entstanden, die aber den Simson-Werksfahrern vorbehalten blieben. Zylinder und Zylinderköpfe der Maschinen bestanden immer aus Leichtmetall.

Simson-Eskorte

In der Kleinseriensportabteilung, in der die GS-Modelle entstanden, wurden 1957 unter der Leitung von Meister Gustav Knapp auch 30 Eskorte-Motorräder für das Ministerium des Innern, also für die Polizei, gefertigt. Ausgangsbasis für dieses Modell war die Simson 425 GS, allerdings erhielt die Eskorte-Maschine den 350-ccm-Geländesportmotor mit 23 PS. Die einsitzigen Motorräder wurden bis 1967 bei Staatsbesuchen und Repräsentationsveranstaltungen des MDI der DDR eingesetzt. Die hier gezeigte Maschine steht im Fahrzeugmuseum in Suhl.

Produktionszeit:	1957
Stückzahl:	30
Motor:	1-Zylinder-4-Takt
Kühlung:	Fahrtwind
Hubraum:	350 ccm
Bohrung x Hub:	k.A.
Verdichtung:	k.A.
Leistung:	23 PS / 6000/min
Vergaser:	BVF Flachschieber N261
Zündung:	IKA Magnetzünder
Kupplung:	Einscheiben-Trockenkuppl.
Getriebe:	Zahn., 4 G.-Klauensch.
Rahmen:	geschl. Stahlrohrrahmen, doppelter Unterzug
Federung vorn:	Teleskopgabel, hydr. ged.
Federung hinten:	Schwinge, Federbeine
Reifen vorn:	3,25 x 18
Reifen hinten:	3,25 x 18
Bremse vorn:	Vollnaben, 180 mm
Bremse hinten:	Vollnaben 180 mm
Leergewicht:	157 kg
Tankinhalt:	16 Liter
Höchstgeschw.:	130 km/h
Neupreis:	k.A.

BMW R 12

Nachdem auf Anordnung der Sowjets in Eisenach Motorräder gebaut werden durften, baute man aus vorhandenen Ersatzteilen auch eine Serie von 2-Zylinder-Maschinen des Typs R 12 auf. Diese Maschine gehörte ab 1935 zu einer neuen Generation von BMW-Motorrädern mit hydraulisch gedämpfter Telegabel. Der Motor war aber immer noch konventionell seitengesteuert. Bis 1942 gebaut, avancierte diese Maschine zu einem der meist verkauften BMW-Motorräder vor 1945. In der zivilen Version erfuhr die Maschine zuletzt noch eine Leistungssteigerung auf 20 PS, während die Behörden und die Streitkräfte mit der einfacheren und schwächeren 18-PS-Version leben mussten. Diese Ausführung ist dann auch in der sowjetisch besetzten Zone gebaut worden.

Produktionszeit:	1945/46
Stückzahl:	102 (in der SBZ)
Motor:	2-Zylinder-4-Takt, Boxer
Kühlung:	Fahrtwind
Hubraum:	745 ccm
Bohrung x Hub:	78 x 78 mm
Verdichtung:	5,2:1
Leistung:	18 PS / 3400/min
Vergaser:	1 x 25 mm
Zündung:	Bosch-Magnet oder -Batteriezündung
Kupplung:	Zweisch.-Trockenkuppl.
Getriebe:	4 Gänge
Rahmen:	Doppelschleifen-Pressstahl-Rahmen
Federung vorn:	Teleskopgabel, hydr. ged.
Federung hinten:	keine
Reifen vorn:	3,50 x 19
Reifen hinten:	3,50 x 19
Bremse vorn:	Trommel, 200 mm
Bremse hinten:	Trommel 200 mm
Leergewicht:	185 kg
Tankinhalt:	14 Liter
Höchstgeschw.:	110 km/h
Neupreis:	nicht verkäuflich

BMW R 75

Produktionszeit:	1945/46
Stückzahl:	232 (in der SBZ)
Motor:	2-Zylinder-4-Takt, Boxer
Kühlung:	Fahrtwind
Hubraum:	745 ccm
Bohrung x Hub:	78 x 78 mm
Verdichtung:	5,8:1
Leistung:	26 PS / 4000/min
Vergaser:	2 x 25 mm
Zündung:	Noris-Magnetzündung
Kupplung:	Einsch.-Trockenkupplung
Getriebe:	4 Gänge, 2 Untersetzungen, Rückwärtsgang
Rahmen:	Doppelschleifen-Rohrrahmen
Federung vorn:	Teleskopgabel, hydr. ged.
Federung hinten:	keine
Reifen vorn:	120 - 16
Reifen hinten:	120 - 16
Bremse vorn:	Trommel, 250 mm
Bremse hinten:	Trommel 250 mm
Leergewicht:	420 kg (inkl. Seitenwg.)
Tankinhalt:	24 Liter
Höchstgeschw.:	95 km/h
Neupreis:	nicht verkäuflich

Wie von der R 12 wurden in Eisenach nach dem Krieg auch von der R 75 noch eine Anzahl Maschinen aus Ersatzteilen montiert. Diese schwere Maschine, meist im Gespann gefahren – denn sie verfügte über einen Seitenwagenantrieb, Sperrdifferenzial und Rückwärtsgang – wurde ab 1941 zum wichtigsten Krad für die deutsche Wehrmacht. Insgesamt entstanden rund 18 000 Motorräder, die seit 1942 in Eisenach produziert worden waren. Die Maschine, die in allen ihren technischen Parametern auf äußerste Robustheit ausgelegt worden war, ist heute eines der gesuchtesten BMW-Motorräder. Die in der SBZ gebauten Modelle gingen ausnahmslos an die sowjetische Militäradministration. Später tauchten einige auch bei Behörden und staatlichen Gesellschaften in der DDR auf.

BMW R 35

Die R 35 basierte auf einer Konstruktion aus den frühen dreißiger Jahren und löste 1937 als Weiterentwicklung die R 4 ab. Dabei war der konservativ anmutende, die Fahrzeugoptik prägende Pressstahlrahmen erhalten geblieben; das Vorderrad hing nun jedoch an einer reibungsgedämpften Teleskopgabel. Eine Hinterradfederung gab es nicht. Der 342 ccm große Einzylinder-Viertaktmotor war BMW-typisch als Querläufer ausgelegt. Das sehr hoch bauende Triebwerk saß etwas nach rechts versetzt, Kurbel- und Kardanwelle (letztere als Hinterradantrieb) lagen in einer Flucht darunter. Getrennt waren beide durch eine Trockenkupplung und einem mit der Hand an der rechten Tankseite zu schaltenden Vierganggetriebe.

Produktionszeit:	1945-1951
Stückzahl:	26 000
Motor:	1-Zylinder-4-Takt
Kühlung:	Fahrtwind
Hubraum:	342 ccm
Bohrung x Hub:	72 x 84 mm
Verdichtung:	5,4:1
Leistung:	14 PS / 5200/min
Vergaser:	SUM-3-Düsen
Zündung:	Batteriezündung
Kupplung:	Einsch.-Trockenkupplung
Getriebe:	Zahnrad 4 Gänge, Klauen
Rahmen:	Doppelschleifen-Pressstahl
Federung vorn:	Teleskopgabel
Federung hinten:	keine
Reifen vorn:	3,50 - 19
Reifen hinten:	3,50 - 19
Bremse vorn:	Halbnabe 160 mm
Bremse hinten:	Halbnabe 180 mm
Leergewicht:	155 kg
Tankinhalt:	12 Liter
Höchstgeschw.:	105 km/h
Neupreis:	2235 Mark (Ost) ab 1949

EMW R 35/2

Nach ersten Exporterfolgen im Westen klagte BMW in München gegen die ehemalige Eisenacher Tochter und erlangte alle Marken- und Patentrechte rund um das blau-weiße Firmensignet. Die Thüringer änderten, fast gleichzeitig mit der Übergabe des Werkes an die IFA (Industrieverband Fahrzeugbau der DDR), im Juli 1952, die Bezeichnung des Werkes zunächst in »Eisenacher Motorenwerke (EMW)« und wenig später in »VEB IFA Automobilfabrik EMW Eisenach«. Aus BMW wurde also EMW und den blauen, rotierenden Propellerflügel des BMW-Zeichens tauchten die Thüringer nun in Rot. Tatsächlich wurden die Markenzeichen anfangs einfach übermalt. Das Motorrad selbst erfuhr im gleichen Jahr mittels hydraulisch gedämpfter Teleskopgabel, Fußschaltung, verbesserter Elektrik und Sättel einige Detailverbesserungen und die Typenbezeichnung R 35/2. Übrigens wurde die R 35 in der DDR zu einer der beliebtesten Seitenwagen-Maschinen.

Produktionszeit:	1951-1952
Stückzahl:	8000
Motor:	1-Zylinder-4-Takt
Kühlung:	Fahrtwind
Hubraum:	342 ccm
Bohrung x Hub:	72 x 84 mm
Verdichtung:	6:1
Leistung:	14 PS / 5200/min
Vergaser:	SUM-3-Düsen
Zündung:	IKA-Batteriezündung
Kupplung:	Einsch.-Trockenkupplung
Getriebe:	Zahnrad 4 Gänge, Klauen
Rahmen:	Doppelschleifen-Pressstahl
Federung vorn:	Teleskopgabel, hydraulisch gedämpft
Federung hinten:	keine
Reifen vorn:	3,50 - 19
Reifen hinten:	3,50 - 19
Bremse vorn:	Halbnabe 160 mm
Bremse hinten:	Halbnabe 180 mm
Leergewicht:	162 kg
Tankinhalt:	12 Liter
Höchstgeschw.:	105 km/h
Neupreis:	2290 Mark (Ost)

EMW R 35/3

Ende des Jahres 1951 war die 25 000. R 35 von den Bändern gerollt, bis zum August 1953 hatte sich deren Anzahl bereits verdoppelt. Die EMW lief jetzt unter der Bezeichnung R 35/3, weil endlich eine Geradweg-Hinterradfederung das Fahrwerk deutlich verbesserte und unter anderem die Zylinderkopf-Schutzrohre auf zwei reduziert worden waren. Kleinere Änderungen betrafen in den letzten Produktionsjahren noch den Vorderradkotflügel, den Vergaser und die Hinterradnaben. Insgesamt hat es während der Produktionszeit der R 35-Typen eine Reihe von kleineren Veränderungen gegeben, die hier nicht alle aufgezeigt werden können. Eines blieb jedoch bis auf wenige Exportmodelle immer gleich: die schwarze Lackierung mit cremeweißer Linierung. Nach weiteren 58 000 R 35/3 war im April 1956 Schluss mit der Motorradfertigung in Eisenach.

Produktionszeit:	1952-1955
Stückzahl:	56 000
Motor:	1-Zylinder-4-Takt
Kühlung:	Fahrtwind
Hubraum:	342 ccm
Bohrung x Hub:	72 x 84 mm
Verdichtung:	6:1
Leistung:	14 PS / 5250/min
Vergaser:	SUM-3-Düsen, BVF-3-Düsen
Zündung:	IKA-Batteriezündung
Kupplung:	Einsch.-Trockenkupplung
Getriebe:	Zahnrad 4 Gänge, Klauen
Rahmen:	Doppelschleifen-Pressstahl
Federung vorn:	Teleskopgabel, hydr. ged.
Federung hinten:	Geradwegfederung
Reifen vorn:	3,50 - 19
Reifen hinten:	3,50 - 19
Bremse vorn:	Halbnabe 160 mm
Bremse hinten:	Halbnabe 180 mm
Leergewicht:	175 kg
Tankinhalt:	12 Liter
Höchstgeschw.:	105 km/h
Neupreis:	2480 Mark (Ost)

Kratmo
FM 35/40

Schon 1947 hatte Walter Kratsch in Gößnitz gebläsegekühlte Fahrradhilfsmotoren mit der Bezeichnung Kratmo FM 35 in geringen Stückzahlen gebaut, die sich aber nicht sonderlich bewährten. Mit einem verbesserten 40-ccm-Modell 1950/51 (das hier näher vorgestellt und gezeigt wird), das ins Rahmendreieck des Fahrrades eingebaut wurde, und die Entwicklungstendenz zum Moped bestätigte, hätte er Maßstäbe setzen können, scheiterte aber an der Behördenwillkür, die ihn schließlich in den Westen trieb. Obwohl die Presse 1950 berichtete, dass der hier abgebildete »Kratmo 40 FM« nun in die Serienproduktion gehen würde, hat es diese in nennenswerten Stückzahlen nie gegeben. Im Westen machte sich Kratsch als Lieferant für Mopedeinbaumotoren mit dem »Kratmo 50« schnell einen Namen.

Produktionszeit:	1947-1951
Stückzahl:	k.A.
Motor:	1-Zylinder-2-Takt
Kühlung:	Gebläse / Fahrtwind
Hubraum:	35 / 39,5 ccm
Bohrung x Hub:	35 x 36 / 35 x 41
Verdichtung:	k.A.
Leistung:	1 PS / 4500/min
Vergaser:	k.A.
Zündung:	k.A.
Kupplung:	k.A.
Getriebe:	2-Gang
Rahmen:	k.A.
Federung vorn:	k.A.
Federung hinten:	k.A.
Reifen vorn:	k.A.
Reifen hinten:	k.A.
Bremse vorn:	k.A.
Bremse hinten:	k.A.
Leergewicht:	10 kg
Tankinhalt:	k.A.
Höchstgeschw.:	k.A.
Neupreis:	270 Mark (Ost)

Student

Leider ist Bernhard Hellmuth Kratzschs Versuch, der viel versprechende, über dem Vorderrad angebrachte Reibrollenmotor Student

Produktionszeit:	1950-1954
Stückzahl:	ca. 15
Motor:	1-Zylinder-2-Takt
Kühlung:	Fahrtwind
Hubraum:	41 ccm
Bohrung x Hub:	k.A.
Verdichtung:	k.A.
Leistung:	1 PS
Vergaser:	k.A.
Zündung:	k.A.
Leergewicht:	k.A.
Tankinhalt:	k.A.
Höchstgeschw.:	k.A.
Neupreis:	k.A.

(Entwicklung seit 1950 in Zella-Mehlis), gescheitert. In den verschiedenen Entwicklungsstadien hatten die Motoren eine Hebelvorrichtung am Lenker gemein, die statt einer Kupplung für den Kraftschluss zwischen Vorderreifen und der aus Metall gefertigten Reibrolle des Motors sorgte. Während auch hier die Presse 1953/54 vom baldigen Serienstart sprach, hat dieser tatsächlich nie stattgefunden.

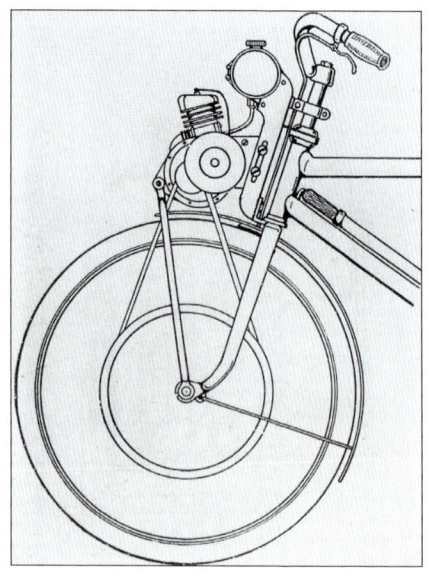

Steppke

Auf der Leipziger Frühjahrsmesse 1953 erstmals vorgestellt, kam der unter dem Tretlager anzubauende Hilfsmotor »Steppke« des VEB Werkzeugfabrik Treptow tatsächlich erst Ende 1954 auf den DDR-Markt. Eine Besonderheit dieses Fahimos (»Fahrradhilfsmotor«) war die sechsfach verstellbare Reibrolle, die das Hinterrad antrieb.

Produktionszeit:	1954-1956
Stückzahl:	ca. 30 000
Motor:	1-Zylinder-2-Takt
Kühlung:	Fahrtwind
Hubraum:	38,5 ccm
Bohrung x Hub:	35 x 40 mm
Verdichtung:	6:1
Leistung:	0,8 PS
Vergaser:	Schwimmervergaser HG 10
Zündung:	Schwungrad-Magnet
Leergewicht:	6,6 kg
Tankinhalt:	3 Liter
Höchstgeschw.:	35 km/h
Neupreis:	360 (1954); 250 (1956) Mark (Ost)

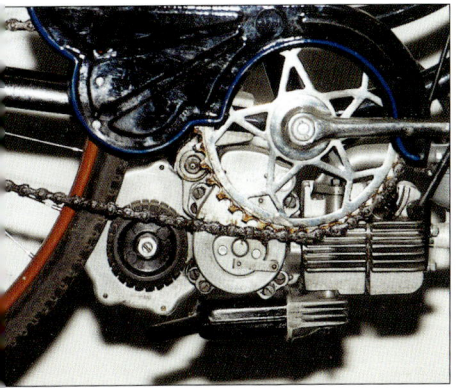

HAZA

Produktionszeit:	1955/56
Stückzahl:	ca. 1000
Motor:	1-Zylinder-Druckzünder
Kühlung:	Fahrtwind
Hubraum:	25 ccm
Bohrung x Hub:	32 x 31 mm
Verdichtung:	k.A.
Leistung:	1PS
Vergaser:	k.A.
Zündung:	Druck
Leergewicht:	5 kg
Tankinhalt:	k.A.
Höchstgeschw.:	30 km/h
Neupreis:	250 Mark (Ost)

Der HAZA aus dem »Zentrifugen- und Motorenbau G. Haza, Dresden« war dem hier abgebildeten westdeutschen Lohmann-Kleinstdiesel-Hilfsmotor nachgebaut. Da es sich bei Gustav Hazas Betrieb um eine private Firma handelte, hatte der Inhaber große Probleme, sich Materialkontingente zu sichern, um überhaupt eine Serienproduktion aufzuziehen. Der »Vielstoffmotor«, der Diesel und Petroleum verarbeiten konnte und unter dem Tretlager montiert werden musste, war recht kompliziert zu handhaben und überforderte die Kunden oft. So musste zum Starten der Zylinder auf dem Motorgehäuse verschoben werden, um so Zündzeitpunkt und Verdichtung zu regulieren. Der staatlich diktierte Preis von 250 Mark (ursprüngliche waren 500 Mark angesetzt) für den Fahrradhilfsmotor war ein Grundstein zu Hazas späterem Konkurs.

MAW

Der überzeugendste Anbaumotor aus DDR-Produktion, der aus 50 ccm Hubraum 1 PS holte und links am Hinterrad zu installieren war, kam vom Magdeburger Armaturenwerk (MAW) und ging als der »Maff« in die DDR-Kraftfahrzeuggeschichte ein. Der Motor (dessen Konstrukteur Rudolf Bauer unübersehbar beim Berliner amo-Motor abgeschaut hatte) mit einem Leichtmetallzylinder kostete anfangs 485, später nur noch 285 Mark und kam mit über 170 000 Exemplaren in den Handel. Damit war er mit Abstand der meist verkaufte Hilfsmotor in der DDR. Er wurde mittels Schellen an das linke Rahmenhinterteil angebaut und übertrug seine Kraft durch eine Spreizkupplung und eine kurze Kette. Die Blütezeit der Fahrradhilfsmotoren war beim Erscheinen des MAW und der anderen Himos eigentlich längst vorbei. Die Rufe nach einem

Produktionszeit:	1955–1961
Stückzahl:	170 000
Motor:	1-Zylinder-2-Takt
Kühlung:	Fahrtwind
Hubraum:	49,5 ccm
Bohrung x Hub:	39,8 x 49,5
Verdichtung:	6,9:1
Leistung:	1,3 PS / 3600/min
Vergaser:	IFA Zentralschwimmer-vergaser NKJ 121
Zündung:	Magnetzündung
Leergewicht:	6 kg
Tankinhalt:	2,3 Liter
Höchstgeschw.:	35 km/h
Neupreis:	485 (1955), 285 Mark (Ost) ab 1956

solchen Radantrieb in den Jahren zuvor waren ungehört geblieben oder konnten auf Grund der langen Planungsvorläufe nicht früher erfüllt werden. Als der MAW kam, war auch das erste DDR-Moped auf den Weg gebracht.

HMW-Motorfahrrad

Neben den Hilfsmotoren gab es Versuche, die vor dem Krieg so rapide angestiegene Motorfahrrad-Produktion wiederzubeleben. 1950 stellte das »Metall- und Fahrradwerk Hainsberg« das erstmals als »Mofa« bezeichnete »HMW«-Motorfahrrad vor. Es stellte praktisch den kaum veränderten, schon vor dem Krieg an gleicher Stelle produzierten Nachbau des Motorfahrrades »National« dar. Kaum war seitens der HO (Handels-Organisation) der Verkauf ab 1951 angekündigt, versiegt nach ganzen 32 Exemplaren erst mal wieder der Materialnachschub. Vor allem Fichtel & Sachs in Reichenbach/Vogtl., nach dem Krieg auch in die Awtowelo-Gruppe integriert, konnte die 98-ccm-Motoren nicht wie geplant liefern. Dennoch erhielten die Hainsberger bis 1952 eine bescheidene Produktion aufrecht und hinterließen danach eine Lücke unterhalb der RT 125.

Spätere Ausführungen des Mofas wiesen geschlossene statt offene Gabelscheiben auf, hatten die Lampe mit integriertem Tachometer der RT 125 bekommen und neben der bis dahin ausschließlichen schwarzen Lackierung noch eine rotbraune, wie sie damals im DDR-Motorradbau üblich war, zur Auswahl. In dieser Ausführung war auch oft vom Typ »Mücke« die Rede.

Produktionszeit:	1950-1952
Stückzahl:	ca. 1500
Motor:	1-Zylinder-2-Takt
Kühlung:	Fahrtwind
Hubraum:	98 ccm
Bohrung x Hub:	k.A.
Verdichtung:	k.A.
Leistung:	2,25 PS / 3000/min
Vergaser:	k.A.
Zündung:	Magnetzündung
Kupplung:	k.A.
Getriebe:	2 Gänge
Rahmen:	geschraubter Rohrrahmen
Federung vorn:	Pressstahlgabel mit Parallelogrammfederung
Federung hinten:	keine
Reifen vorn:	26 x 2,25
Reifen hinten:	26 x 2,25
Bremse vorn:	k.A.
Bremse hinten:	k.A.
Leergewicht:	55 kg
Tankinhalt:	k.A.
Höchstgeschw.:	60 km/h
Neupreis:	850 Mark (Ost) ab 1951

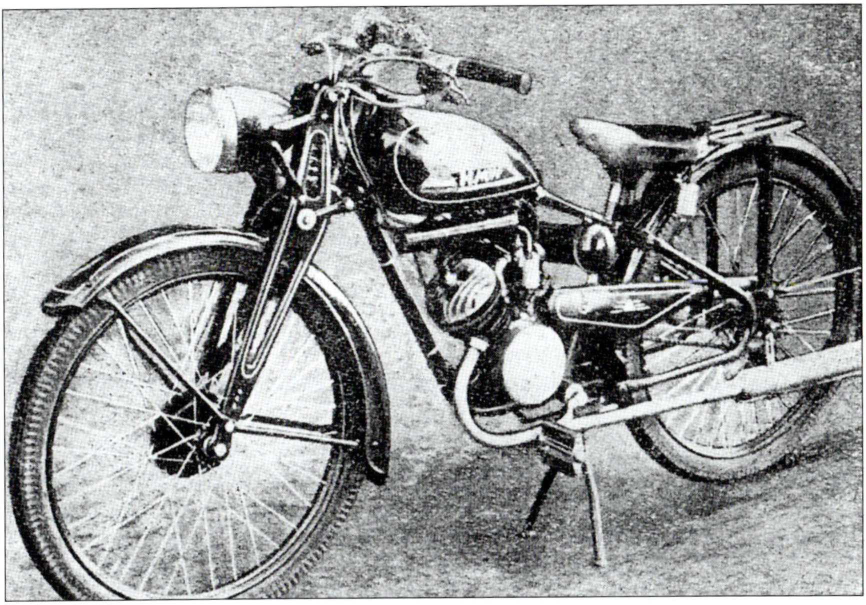
HMW

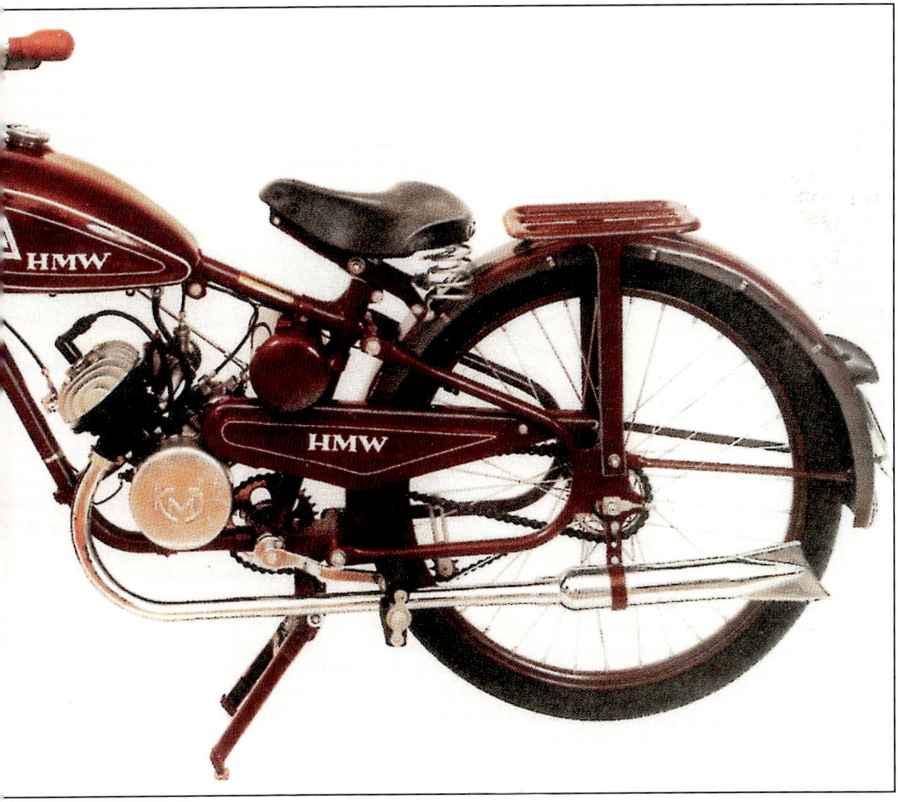
HMW
HMW

IWL »Pitty«

Ende 1953 hatte ein »Kollektiv« unter Leitung von Roland Berger mit der Konstruktion eines Rollers für die DDR begonnnen, der im Industriewerk Ludwigsfelde gebaut werden sollte. Im Frühjahr 1955 kam der Pitty dann auch tatsächlich auf den Markt. Mit seinem üppigen Blechkleid a la Heinkel oder Goggo, das einfach zu demontieren war, wog der Roller aus dem Osten gut drei Zentner, mit denen der Motor der RT 125/1 so seine Mühe hatte. Zumal er durch das zusätzlich aufgesetzte Gebläse an Leistung verlor. Der Antriebsblock hing an einer Triebsatzschwinge, die wiederum mit je zwei Stoßdämpfern und Federn gegen das Heck des sehr stabilen Rohrrahmens abgestützt war. Das Vorderrad zog eine ungedämpfte Langschwinge mit 70 mm Federweg. Die 12 Zoll Räder, inklusive einem unter dem Gepäckträger verstauten Reserverad, waren untereinander austauschbar. Mehr als 11000 Kunden waren mit dem Pitty durchaus zufrieden.

Produktionszeit:	1955/56
Stückzahl:	11 293
Motor:	1-Zylinder-2-Takt
Kühlung:	Gebläse
Hubraum:	123 ccm
Bohrung x Hub:	52 x 58 mm
Verdichtung:	6,85:1
Leistung:	5 PS / 5000/min
Vergaser:	BVF Flachschieber NB 20
Zündung:	IKA Batterie-Zündung
Kupplung:	Mehrscheiben im Ölbad
Getriebe:	Zahnrad, 3 Gänge
Rahmen:	Rohrrahmen, geschweißt
Federung vorn:	Schwinggabel
Federung hinten:	Triebsatzschwinge hydraulisch gedämpft
Reifen vorn:	3,50-12
Reifen hinten:	3,50-12
Bremse vorn:	Innenbacken, 150 mm
Bremse hinten:	Innenbacken, 150 mm
Leergewicht:	140 kg
Tankinhalt:	8 Liter
Höchstgeschw.:	70 km/h
Neupreis:	2300 Mark (Ost)

IWL
»Wiesel«

Schon ein gutes Jahr nach dem Start des Pitty präsentierte IWL mit dem »Wiesel«, der die interne Typenbezeichnung SR 56 (Stadtroller 1956) erhielt, einen überarbeiteten Roller, der vor allem 20 kg abgespeckt hatte. Äußerlich am separaten, mitschwenkenden Kotflügel des Vorderrades zu erkennen, hatte sich auch unter dem Blech einiges getan. Die Triebsatzschwinge war durch eine drehstabgefederte Zweirohr-Parallelogramm-Schwinge ersetzt worden. Zusammen mit den neuen Gummihülsen zur Federung des Hinterrades ergab dies mehr Komfort und Sicherheit auf der Straße. Mit dem nun 5,2 PS leistenden RT-Triebwerk konnten 76 km/h (Pitty 70 km/h) Spitzengeschwindigkeit erreicht werden. Der Preis des Wiesel blieb gegenüber dem Vorgänger unverändert.

Produktionszeit:	1956-1959
Stückzahl:	57 400
Motor:	1-Zylinder-2-Takt
Kühlung:	Gebläse
Hubraum:	123 ccm
Bohrung x Hub:	52 x 58 mm
Verdichtung:	1:6,85
Leistung:	5,2 / 5200/min
Vergaser:	BVF Flachschieber NB 20
Zündung:	IKA Batterie-Zündung
Kupplung:	Mehrscheiben im Ölbad
Getriebe:	Zahnrad, 3 Gänge
Rahmen:	Zentralrohrrahmen, geschw.
Federung vorn:	Schwinggabel
Federung hinten:	Trapezschwinge, Drehstab und Gummifederung
Reifen vorn:	3,50-12
Reifen hinten:	3,50-12
Bremse vorn:	Innenbacken, 150 mm
Bremse hinten:	Innenbacken, 150 mm
Leergewicht:	120 kg
Tankinhalt:	12 Liter
Höchstgeschw.:	75 km/h
Neupreis:	2300 Mark (Ost)

IWL »Berlin«

So viel wie das Vormodell kostete auch der drei Jahre später, im April 1959, präsentierte SR 59 »Berlin«. Mit dem auf knapp 150 ccm aufgebohrten Motor der RT 125/3 war der »Berlin« für einen Roller dieser Größe erstmals ausreichend motorisiert und endlich auch mit einem Vierganggetriebe ausgerüstet. Äußerlich kennzeichneten zwei voluminöse Einzelsitze das neue Modell, an das nun auch ein in Ludwigsfelde entwickelter und gebauter Ein- radanhänger mit der sinnreichen Bezeichnung »Campi« gehängt werden konnte. Der Campi wog nur 30 kg, saß auf einem Stahlrohr- rahmen und wurde vom gleichen Rad geführt, wie sie am Roller verwendet wurden. Mit der Aufnahme üppigen Campinggepäcks hatte der Campi ebenso wenig Mühe, wie der 7,5 PS leistende Motor mit dem ganzen Gefährt samt Sozius. Die Bezeichnung »Stadtroller« stimmte auch deshalb für den solo 85 km/h schnellen »Berlin« längst nicht mehr.

Produktionszeit:	1959-1962
Stückzahl:	113 943
Motor:	1-Zylinder-2-Takt
Kühlung:	Gebläse
Hubraum:	143 ccm
Bohrung x Hub:	56 x 58 mm
Verdichtung:	1.7,75 - 8,1
Leistung:	7,5 PS / 5100/min
Vergaser:	BVF Zweihebel-Flach- schieber N 241-11
Zündung:	Batterie-Zündung
Kupplung:	Mehrscheiben im Ölbad
Getriebe:	4 Gänge, Klauen
Rahmen:	Zentralrohr., geschw.
Federung vorn:	Schwinghebel, Schrauben- feder, Reibungsd.
Federung hinten:	Trapezschwinge, Drehstabfeder, hydr. gedämpft
Reifen vorn:	3,50-12
Reifen hinten:	3,50-12
Bremse vorn:	Innenbacken, 150 mm
Bremse hinten:	Innenbacken, 150 mm
Leergewicht:	135 kg
Tankinhalt:	12 Liter
Höchstgeschw.:	82 km/h
Neupreis:	2300 Mark (Ost)

IWL Troll 1

Ab Januar 1963 hieß der Nachfolger des Berlin »Troll 1«, was nichts mit kleinen Männchen zu tun hatte, sondern aus »Touren-Roller« abgeleitet war. Ein völlig neues Rollerkonzept, das wesentlich von der Zschopauer ES 150 geprägt war, bediente nun die Kundschaft in der DDR und den seit 1960 stark gewachsenen Exportmarkt. Neben dem Motor erbte der »Troll« unter anderem auch Lenker, Lampengehäuse sowie vordere und hintere Federbeine der ES . Die vordere Langschwinge war zwar ES-ähnlich, aber den kleineren Rädern angepasst worden. Das ganze Fahrgestell hing an einem geschweißten Kastenprofilrahmen, der auch die, jetzt aus zwei Schalen bestehende, hintere Blechverkleidung trug. Diese wiederum trug eine neue, durchgehende Sitzbank; auf ein Reserverad mussten Troll-Besitzer verzichten oder einen Aufpreis von 107 Mark zahlen. Hervorragende Fahreigenschaften, gepaart mit einem nicht einmal sonderlich originellen Design, bescherten dem Troll in knapp zwei Jahren noch einmal 56 500 Kunden für den letzten großen Roller Made in DDR. Ende

Produktionszeit:	1963/64
Stückzahl:	56513
Motor:	1-Zylinder-2-Takt
Kühlung:	Gebläse
Hubraum:	143 ccm
Bohrung x Hub:	56 x 58 mm
Verdichtung:	1:8,75 - 9
Leistung:	9,5 PS / 5500/min
Vergaser:	BVF 24 KN 1-3
Zündung:	Batterie-Zündung
Kupplung:	Mehrscheiben im Ölbad
Getriebe:	4 Gänge
Rahmen:	Stahlblech-Profilrahmen, geschweißt
Federung vorn:	Schwinge mit Federbeinen
Federung hinten:	Schwinge mit Federbeinen
Reifen vorn:	3,50-12
Reifen hinten:	3,50-12
Bremse vorn:	Trommel, 160 mm
Bremse hinten:	Trommel, 160 mm
Leergewicht:	128 kg
Tankinhalt:	12 Liter
Höchstgeschw.:	90 km/h
Neupreis:	2550 Mark (Ost)

1964 war nach 240 000 Rollern Schluss. Der LKW W 50 hatte Vorrang.

Simson SR 1

Mit seinen dünnen Blechteilen und den großen 26 Zoll-Rädern erinnerte das SR1 den Betrachter sehr an ein Fahrrad. Das war zu dieser Zeit im Mopedbau auch durchaus noch Standard. Auch sonst lag die Suhler Neu-schöpfung gut im Trend. Gummigefederte Schwinghebel vorn und die ebenfalls in Gummi gelagerte und als Schwinge aus-gebildete hintere Gabel sorgten für einiger-maßen Federungskomfort. Doch machte der Sattel, der ebenfalls durch Gummi abgefedert wurde, das Fahren auf DDR-Straßen erst erträglich. Im Inland gab es ausschließlich die Farbe Maron, während für den Export neben den Alufelgen und den verchromten

Produktionszeit:	1955-1957		**Rahmen:**	Zentralrohr
Stückzahl:	152 000		**Federung vorn:**	Schwinghebel
Motor:	1-Zylinder-2-Takt			mit Gummipuffern
Kühlung:	Fahrtwind		**Federung hinten:**	Schwinge
Hubraum:	47,6 ccm		**Reifen vorn:**	mit Gummipuffern
Bohrung x Hub:	38 x 42 mm		**Reifen hinten:**	2,00 x 26
Verdichtung:	6:1		**Bremse vorn:**	2,00 x 26
Leistung:	1,5 PS / 5000/min		**Bremse hinten:**	Innenbackenbr. 90 mm
Vergaser:	BVF Zentralschwimmer NKJ		**Leergewicht:**	Innenbackenbr. 90 mm
	121-1		**Tankinhalt:**	51 kg
Zündung:	Schwunglichtmagnet		**Höchstgeschw.:**	4,5 Liter
Kupplung:	3-Scheiben, Ölbad		**Neupreis:**	45 km/h
Getriebe:	2 Gänge			990 Mark (Ost)

Naben auch Beige, Lindgrün und Blau möglich waren. Ab der Fahrgestell-Nr. 30001 wurden die vorderen Schutzbleche, mit Seitenabdeckungen versehen, beinahe zu richtigen Kotflügeln. Der Kettenschutz wurde verbessert und der Rahmenhinterbau verstärkt. Auffällig-

stes neues Detail war jedoch die helle, seitliche Vergaserabdeckung.
Ab Fahrgestell-Nr. 65000 wurde auch die Vordergabel verstärkt, nachdem es, vor allem bei Fahrzeugen mit Kindersitz, zu Gabelbrüchen gekommen war.

Simson SR 2

Produktionszeit:	1957-1959
Stückzahl:	390 000
Motor:	1-Zylinder-2-Takt
Kühlung:	Fahrtwind
Hubraum:	47,6 ccm
Bohrung x Hub:	38 x 42 mm
Verdichtung:	7:1
Leistung:	1,5 / 5000/min
Vergaser:	BVF Zentralschwimmer NKJ 122-4
Zündung:	Schwunglichtmagnet
Kupplung:	3-Scheiben, Ölbad
Getriebe:	2 Gänge
Rahmen:	Zentralrohr
Federung vorn:	Schwinghebel mit Gummipuffern
Federung hinten:	Schwinge mit Gummipuffern
Reifen vorn:	2,25 x 23
Reifen hinten:	2,25 x 23
Bremse vorn:	Innenbackenbr. 90 mm
Bremse hinten:	Innenbackenbr. 90 mm
Leergewicht:	54 kg
Tankinhalt:	6 Liter
Höchstgeschw.:	45 km/h
Neupreis:	1050 Mark (Ost)

Mit dem SR2 bauten die Konstrukteure Schwächen des Vorgängers ab und glichen die Linienführung dem internationalen Standard an. Das ganze Fahrzeug war nun mehr Moped und weniger Fahrrad. Tief herumgezogene Kotflügel, eine niedrigere Sitzposition, erreicht unter anderem durch die kleineren 23 Zoll-Felgen, und ein neuer, stabiler Gepäckträger waren die äußeren Unterscheidungsmerkmale zum Vorgängertyp. Auffällig auch ein elektrisches Signalhorn, zu dieser Zeit noch keineswegs Standard im Mopedbau. Die Klingel musste erhalten bleiben, da bei immer noch möglichem Fahrradbetrieb kein Strom erzeugt wurde. Straßenlage und Handlichkeit konnten durch den niedrigeren Aufbau wesentlich verbessert. Und auch die »inneren Werte« waren gestiegen: Mit Schaltstellung »zweiter Gang« und gezogener Kupplung konnte der Motor mittels Pedaltrieb nach Kickstartermanier angeworfen werden.

MOPED SR 2

Simson SR 2E

Produktionszeit:	1959-1964
Stückzahl:	515 000
Motor:	1-Zylinder-2-Takt
Kühlung:	Fahrtwind
Hubraum:	47,6 ccm
Bohrung x Hub:	38 x 42 mm
Verdichtung:	7:1, ab 1962 7,5:1
Leistung:	1,5 PS / 5000/min, ab 1962 1,8 / 5500/min
Vergaser:	BVF Zentralschwimmer NKJ 121-4
Zündung:	Schwunglichtmagnet
Kupplung:	3-Scheiben, Ölbad
Getriebe:	2 Gänge
Rahmen:	Zentralrohr
Federung vorn:	Kurzschwinge auf Schraubenfedern
Federung hinten:	Schwinge mit Gummipuff.
Reifen vorn:	2,25 x 23
Reifen hinten:	2,25 x 23
Bremse vorn:	Innenbacken, 90 mm
Bremse hinten:	Innenbacken, 90 mm
Leergewicht:	55 kg
Tankinhalt:	6 Liter
Höchstgeschw.:	45 km/h
Neupreis:	1050 Mark (Ost)

Diese zunächst nur für den Export vorgesehene Variante löste in den ersten Januartagen des Jahres 1960 seinen Vorgänger ab. An Bord waren nun auch 3-Volt-Monozellen, die die Hupe (die besser »Schnarre« geheißen hätte) speisten und die Klingel überflüssig machten. Schon im Sommer 1960 ersetzte ein Gleichstromhorn, gespeist von einer Batterie unter dem Kraftstofftank, die Wechselstromhupe. Ab Dezember des gleichen Jahres wurde ein Rundtacho ins Lampengehäuse eingesetzt. Eine ganze Reihe von Verbesserungen wurde für das Produktionsjahr 1962 wirksam, darunter auch am Fahrwerk: Der vordere Federweg verlängerte sich von 60 auf 72 mm und stützte sich nun auf eine voll geschweißte Vordergabel ohne Lötmuffen (ab Fahrgestell-Nr. 797250). Die Motorleistung kletterte durch eine erhöhte Verdichtung. Neben kleineren Detailverbesserungen müssen der neue Kippständer aus Aluminiumguss und erstmals mit Rückzugsfeder (Fahrgestell-Nr. 894220) sowie der neu gestaltete Gepäckträger mit Gummispannband erwähnt werden. Ein größeres Rücklicht war dem SR2E schon für das Modelljahr 1961 spendiert worden. Jetzt wurde noch einmal auf 20 qcm Leuchtfläche vergrößert, womit die Strahler in den Pedalen überflüssig wurden (ab 11/62). Frische Farben sollten auch die Importeure bei Laune halten.

Simson KR 50

Produktionszeit:	1958-1962
Stückzahl:	164 500 (KR 50 gesamt)
Motor:	1-Zylinder-2-Takt
Kühlung:	Fahrtwind
Hubraum:	47,6 ccm
Bohrung x Hub:	38 x 42 mm
Verdichtung:	7,5:1
Leistung:	2,1 PS / 5500/min
Vergaser:	BVF Zentralschwimmer NKJ 132-0
Zündung:	Schwunglichtmagnet
Kupplung:	3-Scheiben, Ölbad
Getriebe:	2 Gänge
Rahmen:	Doppelrohr
Federung vorn:	Schwinghebel mit Gummipuffern
Federung hinten:	Schwinge mit Federbein
Reifen vorn:	2,25 x 20
Reifen hinten:	2,25 x 20
Bremse vorn:	Innenbacken, 90 mm
Bremse hinten:	Innenbacken, 90 mm
Leergewicht:	63 kg
Tankinhalt:	6,3 Liter
Höchstgeschw.:	50 km/h
Neupreis:	1150 (Luxusversion 1265) Mark (Ost)

Der Kleinroller KR 50 gewann sofort mit seinem Erscheinen im Juni 1958 viele Freunde in der DDR. Dabei basierte seine Technik auf der des SR 2. Allerdings konnte durch einige Eingriffe die Leistung des Motors auf 2,1 PS gesteigert werden, was den Roller 50 km/h schnell machte. Dies erforderte auch einige Veränderungen am Fahrwerk. Den neuen 20-Zoll-Rädern mit verstärkten Achsen wurde die ansonsten unveränderte SR2-Gabel angepasst. Das Hinterrad federte eine verwindungssteife, mit Schraubenfeder abgestützte Schwinge. Innerhalb der Feder sorgte ein Gummipuffer für den auf 55 mm begrenzten Federweg. Die zu dieser Zeit auch schon am SR2 im Einsatz befindlichen Leichtmetall-Vollnabenbremsen fanden beim KR 50 genauso Verwendung wie der Lenker mit Anbauteilen inklusive Klingel! Bei der Lackierung ging es zunächst recht eintönig zu. Den bekannten Farben Beige und Braun wurde eine diaphanblaue (Hammer-schlag) Verkleidung zur Seite gestellt. Schnell folgte eine zwei-farbige Variante in Diaphanblau/Grau gegen Aufpreis. In späteren Produktionsjahren (1961/62) ge-sellten sich Rotbraun und Erikarot hinzu.

Simson KR 50
(Weiterentwicklung)

Produktionszeit:	1962-1964
Stückzahl:	164 500 (KR 50 gesamt)
Motor:	1-Zylinder-2-Takt
Kühlung:	Fahrtwind
Hubraum:	47,6 ccm
Bohrung x Hub:	38 x 42 mm
Verdichtung:	8,5:1 ab 1963
Leistung:	2,3 PS / 5500/min ab '63
Vergaser:	BVF Zentralschwimmer NKJ 132-0
Zündung:	Schwunglichtmagnet
Kupplung:	3-Scheiben, Ölbad
Getriebe:	2 Gänge
Rahmen:	Doppelrohr
Federung vorn:	Kurzschwinge auf Schraubenfedern ab 1959
Federung hinten:	Schwinge mit Federbein
Reifen vorn:	2,50 x 16 ab 1959
Reifen hinten:	2,50 x 16 ab 1959
Bremse vorn:	Innenbacken, 90 mm
Bremse hinten:	Innenbacken, 90 mm
Leergewicht:	68 kg ab 1962
Tankinhalt:	6,3 Liter
Höchstgeschw.:	50 km/h
Neupreis:	1150 (Luxusversion 1265) Mark (Ost)

Gleich zu Beginn des zweiten Produktionsjahres wurde die Bereifung verstärkt und das neue Gleichstromhorn von einer 3-Volt-Monozellen-Batterie versorgt. Überdies erhielt der Roller die schraubengefederte Vordergabel mit Kurzschwinge. Den Rundtachometer gab es ab November 1960. Im Frühjahr 1962 kam eine neue Hinterradfederung; zuvor war schon die hintere Schwinge in Silentbuchsen gelagert worden. Auch die Vorderradführung, von der aktuellen SR2E übernommen, hatte sich geändert. Die neue Gabel- und Schwingenkonstruktion bescherte mehr Fahrsicherheit; der um 12 mm verlängerte Federweg mehr Komfort. Ein Kippständer aus Blechprägeteilen löste den arg kritisierten Rohrständer ab. Schließlich schloss das größere Rücklicht das 62er Änderungspaket im Oktober ab.
Für das Modelljahr 63 wurden weitere größere Eingriffe registriert: Optisch war das letzte Produktionsjahr am flachen Blechprägelenker mit Suhler Stadtwappen in seinem Zentrum erkennbar. Das Fassungsvermögen des Tanks erhöhte sich um einen halben Liter, die Leistung des Motors um 0,2 PS.

Schwalbe KR 51/KR 51 F

Produktionszeit:	1964-1968 / 1965-1968
Stückzahl:	163 500
Motor:	1-Zylinder-2-Takt
Kühlung:	Radialgebläse
Hubraum:	49,6 ccm
Bohrung x Hub:	39,5 x 40 mm
Verdichtung:	9,5:1
Leistung:	3,4 PS / 6500/min
Vergaser:	BVF 16 N 1-1
Zündung:	Schwunglichtmagnet
Kupplung:	4-Scheiben, Ölbad
Getriebe:	3 Gänge
Rahmen:	Doppelrohr
Federung vorn:	Langschw. mit Federbein
Federung hinten:	Langschw. mit Federbein
Reifen vorn:	2,75 x 20
Reifen hinten:	2,75 x 20
Bremse vorn:	Vollnaben, 125 mm
Bremse hinten:	Innenbacken, 125 mm
Leergewicht:	79 kg
Tankinhalt:	6,8 Liter
Höchstgeschw.:	60 km/h
Neupreis:	1265 Mark (Ost)

Am 1. Februar 1964 begann die Serienfertigung des KR 51 mit zunächst ausschließlich hand-geschaltetem Dreigang-Getriebe. Erst im Sommer 1965 konnte der Typ »F« mit Fußschaltung geliefert werden. In jedem ihrer 22 Produktions-jahre blieb die Schwalbe ein Fahrzeug in »limi-tierter Auflage«. Das lag hauptsächlich an der üppigen Blechverkleidung des Rollers; denn Tiefziehblech war in der DDR zu allen Zeiten Mangelware und konnte dem Thüringer Werk stets nur kontingentiert zur Verfügung gestellt werden. Dabei hätten erheblich mehr Schwal-ben verkauft werden können; die selbst in ihren späten Jahren kaum nachlassende Beliebtheit brachte dem Kleinroller in der Provinz bis zu fünf (!) Jahre Lieferzeit ein.

Schwalbe
KR 51/1 / KR 51/1 F

Die Schwalbe erhielt ab März 1968 die Bezeichnung KR 51/1 und den neuen Motor M 53/1. Fußschaltung (M53/1 KFR) und Handschaltung (M53/1 KH) blieben weiterhin parallel im Angebot. Durch Änderung des Saugkanals (35 mm länger), der Ansaug- anlage (neue Ansauggeräuschdämpfer mit Unterbringung des Luftfilters am Steuerkopf- ende des Lenkers), des Vergasers, der Spül- kanäle im Zylinder und der Abgasanlage (neue Schalldämpfer) konnte die Leistung geringfügig erhöht (3,6 PS) und dabei die Drehzahl ge- senkt (5750 /min) werden. Die Verminderung des Geräuschpegels und des Spritverbrauchs waren positive Folgen dieser Eingriffe.

Produktionszeit:	1968-1971 / 1968-1980
Stückzahl:	25 000 / 350 000
Motor:	1-Zylinder-2-Takt
Kühlung:	Radialgebläse
Hubraum:	49,6 ccm
Bohrung x Hub:	39,5 x 40 mm
Verdichtung:	9,5:1
Leistung:	3,6 PS / 5700/min / 3,6 PS / 5750/min
Vergaser:	BVF 16 N 1-5
Zündung:	Schwunglichtmagnet
Kupplung:	4-Scheiben, Ölbad
Getriebe:	3 Gänge
Rahmen:	Doppelrohr
Federung vorn:	Langschw. mit Federbein
Federung hinten:	Langschw. mit Federbein
Reifen vorn:	2,75 x 20
Reifen hinten:	2,75 x 20
Bremse vorn:	Vollnaben, 125 mm
Bremse hinten:	Innenbacken, 125 mm
Leergewicht:	80 kg
Tankinhalt:	6,8 Liter
Höchstgeschw.:	60 km/h
Neupreis:	1265 Mark (Ost)

Schwalbe KR 51/1 S

Produktionszeit:	1968-1980
Stückzahl:	44 600
Motor:	1-Zylinder-2-Takt
Kühlung:	Radialgebläse
Hubraum:	49,6 ccm
Bohrung x Hub:	39,5 x 40 mm
Verdichtung:	9,5:1
Leistung:	3,6 PS / 5750/min
Vergaser:	BVF 16 N 1-5
Zündung:	Schwunglichtmagnet
Kupplung:	Fliehkraft
Getriebe:	3 Gänge, Automatik
Rahmen:	Doppelrohr
Federung vorn:	Langschwinge mit Federbein, hydr. gedämpft
Federung hinten:	Langschwinge mit Federbein, hydr. gedämpft
Reifen vorn:	2,75 x 20
Reifen hinten:	2,75 x 20
Bremse vorn:	Vollnaben, 125 mm
Bremse hinten:	Innenbacken, 125 mm
Leergewicht:	83,5 kg
Tankinhalt:	6,8 Liter
Höchstgeschw.:	60 km/h
Neupreis:	1400 Mark (Ost)

Im Oktober 1968 startete die Produktion des KR 51/1S. Das »S« stand für Sonderausführung, die vor allem eine automatische Schaltkupplung beinhaltete. Die nach dem Fliehkraftprinzip arbeitende Kupplungsautomatik war gewöhnungsbedürftig, konnte aber wegen fehlendem Handhebel nicht umgangen werden. Die Automatik war an der linken Getriebeseite angebracht und erweiterte diese so sehr, dass die Motortunnelabdeckung ausgeschnitten werden musste. Ein nach hinten verlängerter Schalthebel kennzeichnete den neuen Roller an dieser Stelle zusätzlich. Typischstes Merkmal des KR 51/1S war jedoch seine ausschließlich olivgrüne Lackierung. Für 1400 Mark hatte die »S-Klasse« aber noch einiges mehr zu bieten: Eine um 5 cm längere Sitzbank, hydraulische Stoßdämpfer sowie 25-W-Scheinwerferleistung und eine außenliegende Zündspule.

Schwalbe KR 51/1K

Die Automatik-Schwalbe konnte die Erwartungen hinsichtlich ihrer Verkaufszahlen kaum erfüllen. Der Lenker ohne Kupplungsgriff blieb den Interessenten fremd, die Fahrwerksvorteile gegenüber dem Standard-Vogel hätten freilich auch andere Schwalbe-Anwärter gern genutzt. Diesem Ruf folgend brachte Simson 1974 den KR 51/1K auf den Markt. »K« bedeutete mehr Komfort und das wiederum ein hydraulisch gedämpftes Vollschwingenfahrwerk und eine nochmals um 15 mm längere Sitzbank (Gesamtlänge jetzt 625 mm). Die 15-W-Standardbeleuchtung blieb allerdings diesmal unverändert. Vielleicht sollte ja die weiße Lackierung dafür Sorge tragen, dass zumindest das Fahrzeug gut zu sehen war.

Produktionszeit:	1974-1980
Stückzahl:	185 000
Motor:	1-Zylinder-2-Takt
Kühlung:	Radialgebläse
Hubraum:	49,6 ccm
Bohrung x Hub:	39,5 x 40 mm
Verdichtung:	9,5:1
Leistung:	3,6 PS / 5750/min
Vergaser:	BVF 16 N 1-5
Zündung:	Schwunglichtmagnet
Kupplung:	4-Scheiben, Ölbad
Getriebe:	3 Gänge
Rahmen:	Doppelrohr
Federung vorn:	Langschwinge mit Federbein, hydr. gedämpft
Federung hinten:	Langschwinge mit Federbein, hydr. gedämpft
Reifen vorn:	2,75 x 20
Reifen hinten:	2,75 x 20
Bremse vorn:	Vollnaben, 125 mm
Bremse hinten:	Innenbacken, 125 mm
Leergewicht:	80 kg
Tankinhalt:	6,8 Liter
Höchstgeschw.:	60 km/h
Neupreis:	1400 Mark (Ost)

Schwalbe KR 51/2 N

Produktionszeit:	1979-1986
Stückzahl:	90 800
Motor:	1-Zylinder-2-Takt
Kühlung:	Fahrtwind
Hubraum:	49,8 ccm
Bohrung x Hub:	38 x 44 mm
Verdichtung:	9,5:1
Leistung:	3,7 PS / 5500/min
Vergaser:	BVF 16 N 1-12
Zündung:	Schwunglichtmagnet
Kupplung:	4-Scheiben, Ölbad
Getriebe:	3 Gänge
Rahmen:	Doppelrohr
Federung vorn:	Langschw. mit Federbein
Federung hinten:	Langschw. mit Federbein
Reifen vorn:	2,75 x 20
Reifen hinten:	2,75 x 20
Bremse vorn:	Vollnaben, 125 mm
Bremse hinten:	Innenbacken, 125 mm
Leergewicht:	80 kg
Tankinhalt:	6,8 Liter
Höchstgeschw.:	60 km/h
Neupreis:	k. A.

Mit einer neuen Motorengeneration die zuerst dem Kleinroller zugute kam, hielten Ende 1979 neue Schwalbe-Typenbezeichnungen Einzug. Die bisherigen Modelle liefen in den ersten Wochen des folgenden Jahres aus. Die Motoren M 531 (Dreigang) und M 541 (Viergang) waren fahrtwindgekühlt und erreichten ihre Höchstleistung von 3,7 PS bei nur noch 5500 /min. Für den Einbau wurde die Aufhängung am Brückenrahmen geändert, was eine Verlegung des Auspuffs auf die rechte Fahrzeugseite zur Folge hatte. Die KR 51/2 N war die Grundvariante mit Dreigang-Getriebe und reibungsgedämpften Federbeinen.

Schwalbe KR 51/2 E / KR 51/2 L

Bei den neuen Schwalbe-Modellen ersetzte ein Gestänge die bisherige Seilzugbetätigung der Hinterradbremse. Die Trittbretter verlängerten sich ebenso wie der Spiegelarm; und eine neue Rückleuchte mit 21-W-Bremslicht markierte das Heck. Die Scheinwerferleistung betrug jetzt einheitlich 25 Watt. Lackiert wurde sie zuletzt in Blau, Saharagelb und Kirschrot. Zum Glück nur kurzzeitig war die DDR-Unfarbe »Biberbraun« im Angebot, während ein sattes Grün die Farbpalette bis zum Schluss zierte. Die KR 51/2E stand für Viergang-Schaltung und hydraulische Schwingungsdämpfer; KR 51/2L war die Luxus-Ausgabe, ausgestattet wie KR 51/2E, dazu mit elektronischer Zünd-anlage und mit 35-W-Scheinwerferleistung.

Produktionszeit:	1979-1986
Stückzahl:	124 500 / 84 900
Motor:	1-Zylinder-2-Takt
Kühlung:	Fahrtwind
Hubraum:	49,8 ccm
Bohrung x Hub:	38 x 44 mm
Verdichtung:	9,5:1
Leistung:	3,7 PS / 5500/min
Vergaser:	BVF 16 N 1-12
Zündung:	Schwunglichtm. / Zündel.
Kupplung:	4-Scheiben, Ölbad
Getriebe:	4 Gänge
Rahmen:	Doppelrohr
Federung vorn:	Langschwinge mit Federbein, hydr. gedämpft
Federung hinten:	Langschwinge mit Federbein, hydr. gedämpft
Reifen vorn:	2,75 x 20
Reifen hinten:	2,75 x 20
Bremse vorn:	Vollnaben, 125 mm
Bremse hinten:	Innenbacken, 125 mm
Leergewicht:	81,5 kg
Tankinhalt:	6,8 Liter
Höchstgeschw.:	60 km/h
Neupreis:	– / 1990 Mark (Ost)

Simson GS 50

Produktionszeit:	1962-1965
Stückzahl:	k.A.
Motor:	1-Zylinder-2-Takt
Kühlung:	Fahrtwind
Hubraum:	49,6 ccm
Bohrung x Hub:	40 x 39,5 mm
Verdichtung:	10,5:1
Leistung:	5,5 PS / 8000/min
Vergaser:	17 mm
Zündung:	Schwunglichtmagnet
Kupplung:	4-Scheiben, Ölbad
Getriebe:	2 x 3 Gänge durch Vorgelege
Rahmen:	Zentralrohr, geschweißt
Federung vorn:	Langschwinge mit Federbein, hydr. gedämpft
Federung hinten:	Langschwinge mit Federbein, hydr. gedämpft
Reifen vorn:	19″ Geländereifen
Reifen hinten:	19″ Geländereifen
Bremse vorn:	Vollnaben, 125 mm
Bremse hinten:	Vollnaben, 125 mm
Leergewicht:	86 kg
Tankinhalt:	8,5 Liter
Höchstgeschw.:	k.A.
Neupreis:	k.A.

Ab 1962 konnte Simson mit der neuen GS 50 wieder an Wettbewerben teilnehmen. Deren Kennzeichen war ein geschweißter Zentralrohrrahmen mit Schwingen und hydraulisch gedämpften Federbeinen aus dem Motorradbau. Auf die 19″-Felgen waren importierte Stollenreifen aufgezogen, die Bremsen stammten aus der Serie. Recht seriennah blieb auch das Triebwerk, das durch ein am Getriebegehäuse angeflanschtes Vorgelege die drei Gänge nochmals unterteilte und so praktisch sechs Gänge aufwies. Ein leicht geänderter Kurbeltrieb, ein wuchtiger Leichtmetallzylinder mit Graugusslaufbuchse und veränderten Spülkanälen und schließlich ein Vergaser mit 17 mm Ansaugweite und geänderter Ansauggeräuschdämpfung waren unter anderem die Voraussetzung für eine beachtliche Leistungsentfaltung. Den Geräuschpegel des Motors hielt ein Kreidler-Schalldämpfer im erlaubten Bereich. 25 solcher Maschinen entstanden 1963 und fast doppelt so viele im Jahr darauf.

Simson GS 75

Produktionszeit:	1964-1965
Stückzahl:	k.A.
Motor:	1-Zylinder-2-Takt
Kühlung:	Fahrtwind
Hubraum:	73 ccm
Bohrung x Hub:	45 x 46 mm
Verdichtung:	10,5:1
Leistung:	9 PS / 8200/min
Vergaser:	19 mm
Zündung:	Schwunglichtmagnet
Kupplung:	4-Scheiben, Ölbad
Getriebe:	2 x 3 Gänge d. Vorgelege
Rahmen:	Zentralrohr, geschweißt
Federung vorn:	Langschwinge mit Feder-bein, hydr. gedämpft, ab 1965 Telegabel
Federung hinten:	Langschwinge mit Federbein, hydr. gedämpft
Reifen vorn:	19" Geländer., ab '65 21"
Reifen hinten:	19" Geländereifen
Bremse vorn:	Vollnaben, 125 mm
Bremse hinten:	Vollnaben, 125 mm
Leergewicht:	86 kg
Tankinhalt:	8,5 Liter
Höchstgeschw.:	k.A.
Neupreis:	k.A.

Wenngleich Simson die GS-Modelle auf Ausstellungen zum Kauf anpries, blieben sie für den Normalbürger in der DDR unerreichbar, es sei denn, er wurde Spitzenfahrer bei einem der im ADMV (Allgemeiner Deutscher Motorsport-Verband) organisierten und geförderten Clubs. Die meisten Maschinen gingen ohnehin ins Ausland, nicht zuletzt, um das Starterfeld der untersten Wettbewerbsklasse zur Sollstärke aufzufüllen. Trotzdem blieb den Thüringern gelegentlich nichts weiter übrig, als chancenlos in einer höheren Klasse mitzufahren. Diese Situation verbesserte sich, als ab 1964 neben der 50er eine aufgebohrte 75er mit 9 PS bei 8200 /min an den Start ging. Der kleinere Motor leistete da bereits 6,3 PS.

Simson GS 50-1

Produktionszeit:	1966-1979
Stückzahl:	k.A.
Motor:	1-Zylinder-2-Takt
Kühlung:	Fahrtwind
Hubraum:	49,6 ccm
Bohrung x Hub:	40 x 39,5 mm
Verdichtung:	10,5:1
Leistung:	6,5 PS / 8700/min
Vergaser:	19 mm
Zündung:	Schwunglichtmagnet
Kupplung:	4-Scheiben, Ölbad
Getriebe:	4 x 4 Gänge durch Vorgelege
Rahmen:	Zentralrohr, geschweißt
Federung vorn:	Telegabel, hydr. gedämpft
Federung hinten:	Langschwinge mit Federbein, hydr. gedämpft
Reifen vorn:	21″ Geländereifen
Reifen hinten:	19″ Geländereifen
Bremse vorn:	Vollnaben, 150 mm
Bremse hinten:	Vollnaben, 150 mm
Leergewicht:	k.A.
Tankinhalt:	9,5 Liter
Höchstgeschw.:	k.A.
Neupreis:	k.A.

1966 traten die GS 50/75-Modelle mit neuem Outfit in Erscheinung und lösten ab 1967 die in Kleinserie gebauten Vorgänger ab. Sofort ins Auge sprangen der neue, vom Sperber übernommene Tank und ab 1968 das große 21″-Vorderrad, das an einer neuen Telegabel mit hydraulischer Dämpfung und 130 mm Federweg hing. Große Motorradbremsen und ein verstärkter Rahmen sorgten für noch mehr Sicherheit und Zuverlässigkeit.

Der weiterhin seriennahe, jetzt durch Sperbergetriebe und Vorgelege 4 + 4 Gänge aufweisende Motor, brachte es auf 6,5 PS bei 9000 /min im Falle der GS 50-1 beziehungsweise 9,5 PS bei 8900 /min in der 75er Variante.

GS 75-1

Erstmals war das Triebwerk bei Simson 1970 von einem kräftigen, doppelten Rahmenunterzug geschützt worden. Dafür sparten die Ingenieure anderswo Gewicht ein (wie etwa beim Leichtmetalltank) und hielten die GS-Modelle einigermaßen konkurrenzfähig. Zu ersten Plätzen reichte es auf internationalen Strecken aber kaum noch. Die letztlich erreichten 11,5 PS bei über 11 000 Touren (14 PS mit der 75er) des immer noch auf dem Ende der fünfziger Jahre entwickelten Motors M 53/54 basierenden Triebwerks, waren für die Konkurrenz zu wenig, für die eigene Standfestigkeit hingegen zuviel. Während die Kleinserienmodelle bis 1979, dem aktuellen Aussehen der Serienmaschinen angepasst, weiter gefertigt und verbessert wurden, entfernten sich die Werksmaschinen ab 1970 immer deutlicher von dieser Kleinserie.

Produktionszeit:	1966-1979
Stückzahl:	k.A.
Motor:	1-Zylinder-2-Takt
Kühlung:	Fahrtwind
Hubraum:	73 ccm
Bohrung x Hub:	45 x 46 mm
Verdichtung:	k.A.
Leistung:	9,5 PS / 8200/min
Vergaser:	19 mm
Zündung:	Schwunglichtmagnet
Kupplung:	4-Scheiben, Ölbad
Getriebe:	4 x 4 Gänge durch Vorgelege
Rahmen:	Zentralrohr, geschweißt
Federung vorn:	Telegabel, hydr. gedämpft
Federung hinten:	Langschwinge mit Federbein, hydr. gedämpft
Reifen vorn:	21" Geländereifen
Reifen hinten:	19" Geländereifen
Bremse vorn:	Vollnaben, 150 mm
Bremse hinten:	Vollnaben, 150 mm
Leergewicht:	k.A.
Tankinhalt:	9,5 Liter
Höchstgeschw.:	k.A.
Neupreis:	k.A.

Spatz SR 4-1P / SR 4-1 K

modell mit lackierten Stahlfelgen unverändert; poliertes Aluminium kostete im Inland mehr, war aber im Export Standard. So wurde der Spatz auch in der Bundesrepublik zum Kampf-

Nach der Schwalbe war der Spatz das zweite Fahrzeug der so genannten »Vogelserie«. Als Moped mit der Zusatzbezeichnung »P« folgte er direkt auf den SR 2E; als Mokick mit Kickstarter und dem Zusatz »K« rangierte er vor dem später erscheinenden Star. Auch in seinen Bauteilen war er noch eine Mischung aus alt und neu: Die Vorderrad-Führung, die Lampe, der Lenker und andere nicht so sichtbare Teile stammten von der letzten Variante des KR 50 bzw. des SR 2 E, die hintere Partie indes zeigte die neue Suhler Linie. Der Preis blieb gegenüber dem SR 2E für das Grund-

Produktionszeit:	1964-1967 / 1964-1966
Stückzahl:	30 000 / 122 000
Motor:	1-Zylinder-2-Takt
Kühlung:	Fahrtwind
Hubraum:	47,6
Bohrung x Hub:	38 x 42 mm
Verdichtung:	8,5:1
Leistung:	2 PS / 5200/min
Vergaser:	BVF Nadeld. NKJ 134-1
Zündung:	Schwunglichtmagnet
Kupplung:	3-Scheiben, Ölbad
Getriebe:	2 Gänge, Handschaltung
Rahmen:	Zentralrohr-Schalenrahmen
Federung vorn:	Kurzschwinge, Schraubenfedern
Federung hinten:	Langschwinge mit Federbein
Reifen vorn:	2,75 x 20
Reifen hinten:	2,75 x 20
Bremse vorn:	Innenbacken, 125 mm
Bremse hinten:	Innenbacken, 125 mm
Leergewicht:	68 kg
Tankinhalt:	8,5 Liter
Höchstgeschw.:	50 km/h
Neupreis:	DM 548; 1050 (Ost)

preis von DM 548 angeboten - viel Interesse fand er im Westen dennoch nicht. Anfangs in den Farben Blau, Braun, Rot und Grünblau-Hammerschlag (Export) angeboten, war der Spatz bald nur noch in einem kräftigen Rot zu sehen. Lenkerabdeckung, Tank und seitliche Blechverkleidungen waren stets in einem weiß-grauen Farbton gehalten.

Spatz
SR 4-1 SK

Ab 1968 war dann die SR 4-1 nur noch als Mokick zu haben. Der Anteil der mit Pedalen ausgerüsteten Fahrzeuge war zuletzt auf unter 20% gesunken. Der nun stärkere, in Suhl produzierte Motor behob die bis dato häufig kritisierte Anfahrschwäche des Spatz (vor allem am Berg), obwohl er gegenüber dem SR 2E um 18 kg zugelegt hatte. Ein wenig leiser ging das neue Triebwerk ebenfalls zu Werke, so dass andere Verkehrsteilnehmer tatsächlich die schnarrende Hupe wahrnehmen konnten.

1970 lief die Produktion des Spatz nach stetig zurückgehenden Verkaufszahlen aus. Kurzschwinge und Zweigang-Handschaltung hatten endgültig ausgedient.

Produktionszeit:	1967-1970
Stückzahl:	122 000
	(alle Kickstarter-Modelle)
Motor:	1-Zylinder-2-Takt
Kühlung:	Fahrtwind
Hubraum:	49,6
Bohrung x Hub:	40 x 39,5 mm
Verdichtung:	8,5:1
Leistung:	2,3 PS / 5250/min
Vergaser:	BVF Nadeld. NKJ 134-3
Zündung:	Schwunglichtmagnet
Kupplung:	3-Scheiben, Ölbad
Getriebe:	2 Gänge, Handschaltung
Rahmen:	Zentralrohr-Schalenrahmen
Federung vorn:	Kurzschwinge
	mit Schraubenfedern
Federung hinten:	Langschw. mit Federbein
Reifen vorn:	2,75 x 20
Reifen hinten:	2,75 x 20
Bremse vorn:	Innenbacken, 125 mm
Bremse hinten:	Innenbacken, 125 mm
Leergewicht:	68 kg
Tankinhalt:	8,5 Lite
Höchstgeschw.:	50 km/h
Neupreis:	DM 548; 1050 (Ost)

Star SR 4-2

Beim Star unter den Vögeln wurde das Baukastenprinzip so geschickt umgesetzt wie bisher an keinem anderen Suhler Erzeugnis: Motor, Hinterradantrieb, Laufräder, Bremsen, Federbeine, elektrische Ausrüstung, Vorderradschwinge einschließlich Kotflügel, Lenker und Doppelsitzbank waren zuvor schon am KR 51 zu sehen; Rahmen, Tank, Hinterradschwinge und hinterer Kotflügel zeichneten das SR 4-1 aus. Das ergab zusammen 90% aller Star-Teile; neu waren lediglich Fußschaltung (wurde fast zeitgleich auch für die »Schwalbe« angeboten) und das markante Lampengehäuse. Im Unterschied zur Schwalbe waren die Soziusfußrasten nicht am Rahmen, sondern an der Schwinge angeschraubt. Das setzte gesunde Kniegelenke des Mitfahrers voraus. Rot blieb später die einzige Farbe des Stars. Polierte Leichtmetallfelgen gab es nun auch im Inland und ohne Aufpreis.

Produktionszeit:	1964-1970
Stückzahl:	505 800
	(alle Star-Modelle)
Motor:	1-Zylinder-2-Takt
Kühlung:	Radialgebläse
Hubraum:	49,6
Bohrung x Hub:	40 x 39,5 mm
Verdichtung:	9,5:1
Leistung:	3,4 PS / 6500/min
Vergaser:	BVF Nadeldüsen NKJ 153-6
Zündung:	Schwunglichtmagnet
Kupplung:	4-Scheiben, Ölbad
Getriebe:	3 Gänge, Fußschaltung
Rahmen:	Zentralrohr-Schalenrahmen
Federung vorn:	Langschw. mit Federbein
Federung hinten:	Langschw. mit Federbein
Reifen vorn:	2,75 x 20
Reifen hinten:	2,75 x 20
Bremse vorn:	Vollnaben, 125 mm
Bremse hinten:	Vollnaben, 125 mm
Leergewicht:	73 kg
Tankinhalt:	8,5 Liter
Höchstgeschw.:	60 km/h
Neupreis:	1200 Mark (Ost)

Star
SR 4-2/1

Nachdem im Februar 1966 ein neuer Vergaser der Berliner Vergaserfabrik (BVF) den Kraftstoffverbrauch gemindert hatte, folgte zwei Jahre später ein überarbeiteter Motor. Das Triebwerk mit der Bezeichnung M 53/1 reduzierte die Drehzahl zur Erreichung der unverändert gebliebenen Höchstleistung (3,4 PS) auf 5750 /min (vorher 6500), was eine Absenkung des Geräuschpegels und die Verringerung der Vibrationen unter Volllast bewirkte. Mit dem neuen Motor änderte sich die Typenbezeichnung für den Star in SR 4-2/1.

Produktionszeit:	1968-1975
Stückzahl:	505 800 (alle Star-Mod.)
Motor:	1-Zylinder-2-Takt
Kühlung:	Radialgebläse
Hubraum:	49,6
Bohrung x Hub:	40 x 39,5 mm
Verdichtung:	9,5:1
Leistung:	3,4 PS / 5750/min
Vergaser:	BVF Nadeldüsen 16 N1-6
Zündung:	Schwunglichtmagnet
Kupplung:	4-Scheiben, Ölbad
Getriebe:	3 Gänge, Fußschaltung
Rahmen:	Zentralrohr-Schalenrahmen
Federung vorn:	Langschw. mit Federbein
Federung hinten:	Langschw. mit Federbein
Reifen vorn:	2,75 x 20
Reifen hinten:	2,75 x 20
Bremse vorn:	Vollnaben, 125 mm
Bremse hinten:	Vollnaben, 125 mm
Leergewicht:	73 kg
Tankinhalt:	8,5 Liter
Höchstgeschw.:	60 km/h
Neupreis:	1200 Mark (Ost)

Sperber SR 4-3

Mit seinen werkseitig angegebenen 75 km/h Höchstgeschwindigkeit (die meisten »Sperber« kamen da locker drüber) wurde das SR 4-3 als »Mokrad« (Mischung aus Mokick und Krad) auf dem Markt vorgestellt. Die später auch in der DDR neu eingeführte Kraftfahrzeug-Kategorie »Kleinkraftrad« ersetzte diese nicht sonderlich originelle Bezeichnung. Nach der StVZO der DDR, Ausgabe 1969, waren Kleinkrafträder 50-ccm-Zweiräder mit mehr als 60 km/h Höchstgeschwindigkeit. Nach heutigen Gesetzgebungen gehört der Sperber in die Klasse der Leichtkrafträder. Obwohl erheblich preiswerter als das nächst größere 125-ccm-MZ-Motorrad, setzte sich der anfangs rot/hellgrau und bald nur noch hellblau/weiß lackierte Sperber nur schwer auf dem Markt durch. Während vor dem Besteigen des Suhler Zweirades alle Voraussetzungen zum Fahren eines Motorrades, inklusive Steuer und Versicherung, gegeben sein mussten, saß man danach dann eben doch irgendwie wieder nur auf einem »Moped«.

Produktionszeit:	1966-1972
Stückzahl:	80 000
Motor:	1-Zylinder-2-Takt
Kühlung:	Fahrtwind
Hubraum:	49,6
Bohrung x Hub:	40 x 39,5 mm
Verdichtung:	9,5:1
Leistung:	4,6 PS / 6750/min
Vergaser:	BVF Nadeldüsen 16 N1-3
Zündung:	Schwunglichtmagnet
Kupplung:	5-Scheiben, Ölbad
Getriebe:	4 Gänge, Fußschaltung
Rahmen:	Zentralrohr-Schalenrahmen, verstrebt
Federung vorn:	Langschw. mit Federbein
Federung hinten:	Langschwinge mit Federbein, hydr. gedämpft
Reifen vorn:	2,75 x 20
Reifen hinten:	2,75 x 20
Bremse vorn:	Vollnaben, 125 mm
Bremse hinten:	Vollnaben, 125 mm
Leergewicht:	80 kg
Tankinhalt:	9,5 Liter
Höchstgeschw.:	75 km/h
Neupreis:	1550 Mark (Ost)

Habicht SR 4-4

Um zum einen die Wartezeit bis zur Einführung neuer, moderner Mokick-Modelle zu überbrücken und zum anderen die enorme Inlandsnachfrage (mit Lieferfristen von bis zu zwei Jahren) nach 60-km/h-Zweirädern zu befriedigen, kreierten die Thüringer das

Mokick SR 4-4. Bis auf den Motor (das Viergang-Getriebe blieb erhalten) war alles am Habicht unverändert vom SR 4-3 übernommen worden, lediglich dessen Blau musste einer oliv/beige Lackierung weichen.

Der Habicht avancierte schnell zum Verkaufsschlager; obwohl er nur wenig preiswerter war als der Sperber, stieg sein Absatz gegenüber dem Vorgänger auf das Dreifache.

Die Rechnung der Suhler Kaufleute war aufgegangen.

Produktionszeit:	1971-1975
Stückzahl:	77 200
Motor:	1-Zylinder-2-Takt
Kühlung:	Radialgebläse
Hubraum:	49,6
Bohrung x Hub:	40 x 39,5 mm
Verdichtung:	9,5:1
Leistung:	3,4 PS / 5750/min
Vergaser:	BVF Nadeldüsen 16 N1-6
Zündung:	Schwunglichtmagnet
Kupplung:	4-Scheiben, Ölbad
Getriebe:	4 Gänge, Fußschaltung
Rahmen:	Zentralrohr-Schalenrahmen, verstrebt
Federung vorn:	Langschw. mit Federbein
Federung hinten:	Langschwinge mit Federbein, hydr. gedämpft
Reifen vorn:	2,75 x 20
Reifen hinten:	2,75 x 20
Bremse vorn:	Vollnaben, 125 mm
Bremse hinten:	Vollnaben, 125 mm
Leergewicht:	79 kg
Tankinhalt:	9,5 Liter
Höchstgeschw.:	60 km/h
Neupreis:	1430 Mark (Ost)

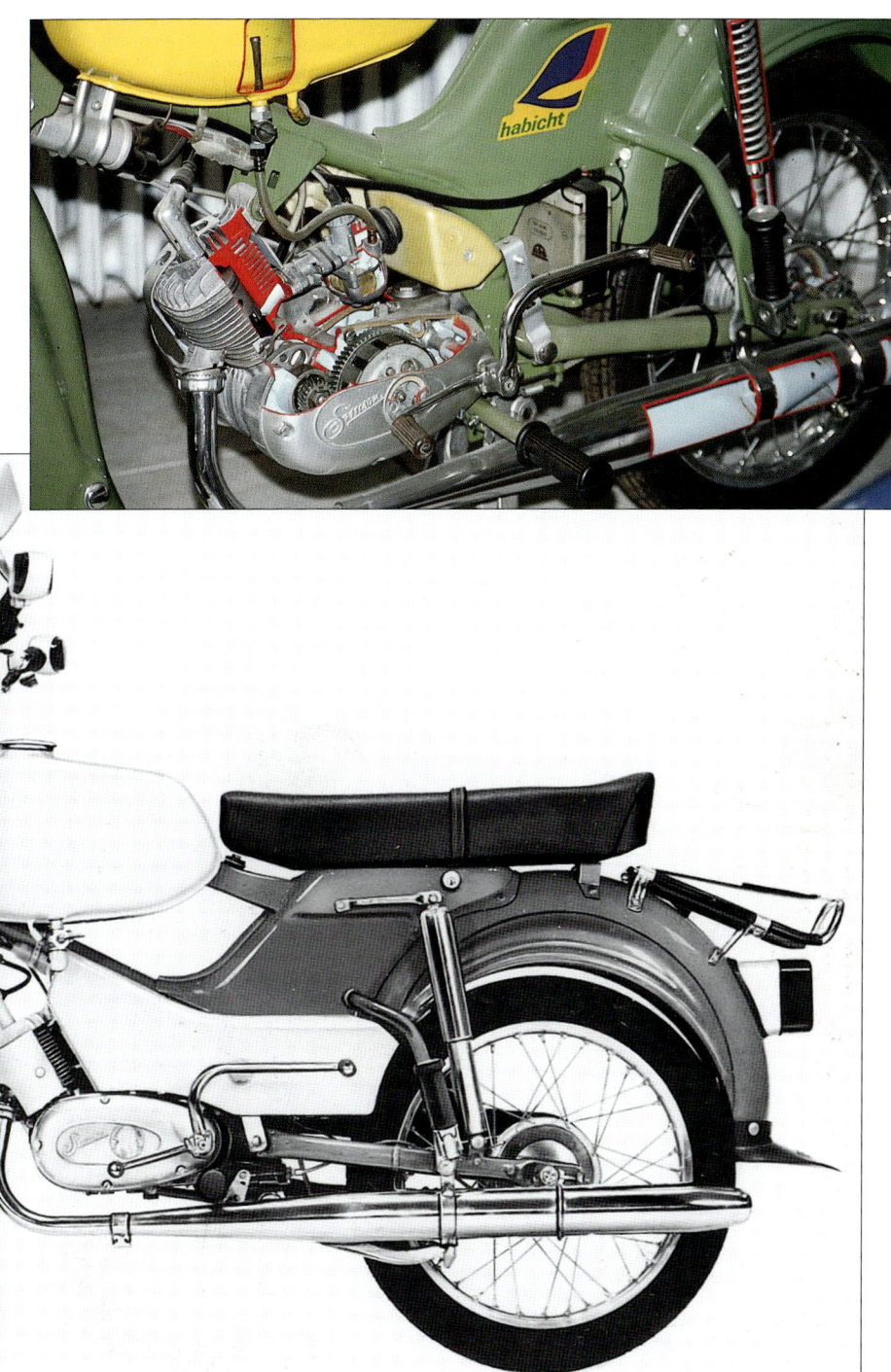

Mofa SL 1

Dem im Westen aufkommenden Mofa-Trend wollte Simson mit dem SL 1 ab Sommer 1970 auch in der DDR folgen. Schon 1964 hatte man in Suhl begonnen, an einem solchen Fahrzeug zu arbeiten. Staatlicherseits wurde das Projekt jedoch zunächst abgelehnt. Was dann 1970 auf den Markt kam, entsprach letztlich nicht unbedingt den Wünschen der Simson-Ingenieure, sondern war den staatlichen Vorgaben, vor allem bei der Preisgestaltung, geschuldet. Schmerzlich war vor allem der Verzicht auf eine Vorderrad-Federung.

Produktionszeit:	1970/71
Stückzahl:	60 200 (Mofa Gesamt)
Motor:	1-Zylinder-2-Takt
Kühlung:	Fahrtwind
Hubraum:	49,6
Bohrung x Hub:	40 x 39,5 mm
Verdichtung:	8:1
Leistung:	1,6 PS / 4000/min
Vergaser:	BVF 11 N1-1
Zündung:	Schwunglichtmagnet
Kupplung:	Fliehkraft-Automatik
Getriebe:	1-Gang-Automatik
Rahmen:	Kasten-Trägerrahmen
Federung vorn:	keine
Federung hinten:	keine
Reifen vorn:	2,25 x 20
Reifen hinten:	2,75 x 20
Bremse vorn:	Trommel, 90 mm
Bremse hinten:	Trommel, 90 mm
Leergewicht:	38,5 kg
Tankinhalt:	3,2 Liter
Höchstgeschw.:	30 km/h
Neupreis:	695 (1971: 640 Ost)

Mofa SL 1S

Ab Mitte August 1971 durfte dann mit staatlicher Genehmigung doch die Vorderradfederung eingesetzt werden. Eine aus früheren Simson-Tagen bekannte, um das Schutzblech herum laufende Kurzschwinge mit Schraubenfedern machte das Fahren mit dem Mofa angenehmer. Das neue SL 1 S erhielt zudem einen zusätzlichen Gepäckträger über dem Tank und eine marmorweiß/blaue Lackierung. Der Preis blieb unverändert bei 695 Mark, das beige/rote SL 1, nach wie vor im Angebot, konnte nun für 55 Mark weniger geordert werden.

Trotz allem stagnierte die Nachfrage; die hohen Erwartungen, die in das Mofa gesetzt wurden, erfüllten sich nicht. Die Wirtschaftsstrategen ordneten den Produktionsstop zum 31. März 1972 an.

Produktionszeit:	1971/72
Stückzahl:	60 200 (Mofa Gesamt)
Motor:	1-Zylinder-2-Takt
Kühlung:	Fahrtwind
Hubraum:	49,6
Bohrung x Hub:	40 x 39,5 mm
Verdichtung:	8:1
Leistung:	1,6 PS / 4000/min
Vergaser:	BVF 11 N1-1
Zündung:	Schwunglichtmagnet
Kupplung:	Fliehkraft-Automatik
Getriebe:	1-Gang-Automatik
Rahmen:	Kasten-Trägerrahmen
Federung vorn:	Kurzschwinge auf Schraubenfedern
Federung hinten:	keine
Reifen vorn:	2,25 x 20
Reifen hinten:	2,75 x 20
Bremse vorn:	Trommel, 90 mm
Bremse hinten:	Trommel, 90 mm
Leergewicht:	40 kg
Tankinhalt:	3,2 Liter
Höchstgeschw.:	30 km/h
Neupreis:	695 Mark (Ost)

Simson S 50 B

SIMSON

Produktionszeit:	1975-1976
Stückzahl:	81 400
Motor:	1-Zylinder-2-Takt
Kühlung:	Fahrtwind
Hubraum:	49,6 ccm
Bohrung x Hub:	40 x 39,5 mm
Verdichtung:	9,5:1
Leistung:	3,6 PS / 5500/min
Vergaser:	BVF 16 N1-8
Zündung:	Schwunglicht-Magnetzündung
Kupplung:	4-Scheiben-Ölbad
Getriebe:	3-Gang
Rahmen:	Zentralrohr
Federung vorn:	Teleskopgabel
Federung hinten:	Langschwinge Federbein, hydr. gedämpft
Reifen vorn:	2,75 x 16
Reifen hinten:	2,75 x 16
Bremse vorn:	Vollnaben, 125 mm
Bremse hinten:	Vollnaben 125 mm
Leergewicht:	81 kg
Tankinhalt:	9,5 Liter
Höchstgeschw.:	60 km/h
Neupreis:	1510 Mark (Ost)

Im Februar 1975 schickte Simson zunächst nur das S 50 B zur Nachfolge von Star und Habicht ins Rennen. »B« stand für Blinkleuchten (vier an der Zahl mit je 21 Watt) und eine gegenüber dem Standardmodell bessere elektrische Anlage. Dafür war hinter dem Deckel des Werkzeugkastens eine 6V/12Ah-Batterie verstaut. Am Deckel selbst steckte der abziehbare Zündschlüssel mit dahinter liegendem Zündanlassschloss. Die Batterie lud sich während des Fahrbetriebes auf. Bis auf die beiden zusätzlichen Blinkleuchten also nichts Neues im elektrischen Bereich. Im Gegenteil: Die Tester vermissten Lichthupe und Parkleuchte, die es zuvor an Simson-Mokicks schon gegeben hatte. Auch der 15/15-Watt-Scheinwerfer war ein Rückschritt. Dennoch kostete das S 50 B mit 1510 Mark 320 Mark mehr als der Star und sogar noch 80 Mark mehr als der komfortable Habicht.

Simson
S 50 N

simson

Um dem immer noch heiligen Gesetz der Preisfestschreibung nach der Einstellung der SR 4-2/1-Produktion gerecht werden zu können, reichte Simson im August 1975 das ebenfalls 1200 Mark teure S 50 N nach. Dessen Fahrer musste nicht nur gänzlich auf Blinkleuchten verzichten, auch ein Zündschloss suchte er vergebens und das Signalhorn, von vier Monozellen gespeist, war, wie zu SR 2E-Zeiten, zur »Schnarre« degradiert worden. Der Motor konnte mittels Kickstarter frei gestartet und mit einem am Gasdrehgriff angebrachten »Kurzschlussknopf« wieder abgestellt werden. Für das Einstiegsmodell benötigte der Beifahrer erneut gesunde Kniegelenke, denn die Fußrasten befanden sich an der Schwinge (beim S 50 B am Rahmen). Geschwärzte Stoßdämpferhülsen hinten (am S 50 B verchromt) sowie matte Lenker- und Schutzblechbefestigungen, gegenüber polierten am S 50 B, waren die weiteren Unterscheidungsmerkmale.

Produktionszeit:	1975-1980
Stückzahl:	86 300
Motor:	1-Zylinder-2-Takt
Kühlung:	Fahrtwind
Hubraum:	49,6 ccm
Bohrung x Hub:	40 x 39,5 mm
Verdichtung:	9,5:1
Leistung:	3,6 PS / 5500/min
Vergaser:	BVF 16 N1-8
Zündung:	Schwunglicht-Magnetzündung
Kupplung:	4-Scheiben-Ölbad
Getriebe:	3-Gang
Rahmen:	Zentralrohr
Federung vorn:	Teleskopgabel
Federung hinten:	Langschwinge Federbein, hydr. gedämpft
Reifen vorn:	2,75 x 16
Reifen hinten:	2,75 x 16
Bremse vorn:	Vollnaben, 125 mm
Bremse hinten:	Vollnaben 125 mm
Leergewicht:	76,5 kg
Tankinhalt:	9,5 (ab 1978 8,7) Liter
Höchstgeschw.:	60 km/h
Neupreis:	1200 Mark (Ost)

Simson
S 50 B1

SIMSON

Im Spätherbst 1975 brachte Simson die ersten S 50 B1-Modelle auf den Markt, die ab Januar 1976 den S 50 B vollständig ablösten.

Ein Standlicht mit 4 W Scheinwerferleistung und dem 5-W-Rücklicht ersetzte die bei der Vogelserie übliche Parkleuchte. Auch ein Lichthupenknopf fand sich nun wieder an der linken Lenkerseite. Ein neuer Schwunglichtprimärzünder brachte eine 25/25 W Biluxlampe zum Leuchten. Dessen Zündspule musste zur Kühlung wieder außen

(unter dem Tank) liegen und war einziges, äußeres Erkennungsmerkmal der Weiterentwicklung. Dass sich der Lichtaustrittsdurchmesser um 6 mm vergrößert hatte, bemerkte niemand.

Schraubte man den Werkzeugdeckel ab, kam eine zusätzliche Drosselspule zur Verstärkung der Ladeanlage zum Vorschein.

Produktionszeit:	1976-1980
Stückzahl:	287 000
Motor:	1-Zylinder-2-Takt
Kühlung:	Fahrtwind
Hubraum:	49,6 ccm
Bohrung x Hub:	40 x 39,5 mm
Verdichtung:	9,5:1
Leistung:	3,6 PS / 5500/min
Vergaser:	BVF 16 N1-8
Zündung:	Schwunglicht-Magnetzündung
Kupplung:	4-Scheiben-Ölbad
Getriebe:	4-Gang
Rahmen:	Zentralrohr
Federung vorn:	Teleskopgabel
Federung hinten:	Langschwinge Federbein, hydr. gedämpft
Reifen vorn:	2,75 x 16
Reifen hinten:	2,75 x 16
Bremse vorn:	Vollnaben, 125 mm
Bremse hinten:	Vollnaben 125 mm
Leergewicht:	76,5 kg
Tankinhalt:	9,5 (ab 1978 8,7) Liter
Höchstgeschw.:	60 km/h
Neupreis:	1510 Mark (Ost)

Simson S 50 B2

simson

Letztes Modell der S 50-Reihe war das S 50 B2 electronic. Sofern der Kunde bereit war, 1680 Mark für ein Mokick auszugeben, durfte er das neue Simson Top-Modell ab Spätherbst 1976 bestellen. Zwei bis vier Jahre später erhielt er dann das äußerlich nur durch ein

dreieckiges Logo mit Lichtblitz und electronic-Schriftzug zu unterscheidende Fahrzeug. Die unterbrecherlose, elektronische Zündanlage, Steuerung im Kasten des Ansauggeräusch-dämpfers mit untergebracht war, steigerte die Lichtausbeute des Scheinwerfers noch einmal auf 35 W. Die Tester bescheinigten dem S 50 B2 neben dem geringeren Wartungsaufwand auch einen deutlich niedrigeren Kraftstoff-Verbrauch. 1978 verbesserte ein neuer Kraftstofftank die S 50-Optik.

Produktionszeit:	1976-1980
Stückzahl:	125 000
Motor:	1-Zylinder-2-Takt
Kühlung:	Fahrtwind
Hubraum:	49,6 ccm
Bohrung x Hub:	40 x 39,5 mm
Verdichtung:	9,5:1
Leistung:	3,6 PS / 5500/min
Vergaser:	BVF 16 N1-8
Zündung:	Zündelektronik
Kupplung:	4-Scheiben-Ölbad
Getriebe:	3-Gang
Rahmen:	Zentralrohr
Federung vorn:	Teleskopgabel
Federung hinten:	Langschwinge Federbein, hydr. gedämpft
Reifen vorn:	2,75 x 16
Reifen hinten:	2,75 x 16
Bremse vorn:	Vollnaben, 125 mm
Bremse hinten:	Vollnaben 125 mm
Leergewicht:	76,5 kg
Tankinhalt:	9,5 (ab 1978 8,7) Liter
Höchstgeschw.:	60 km/h
Neupreis:	1680 Mark (Ost)

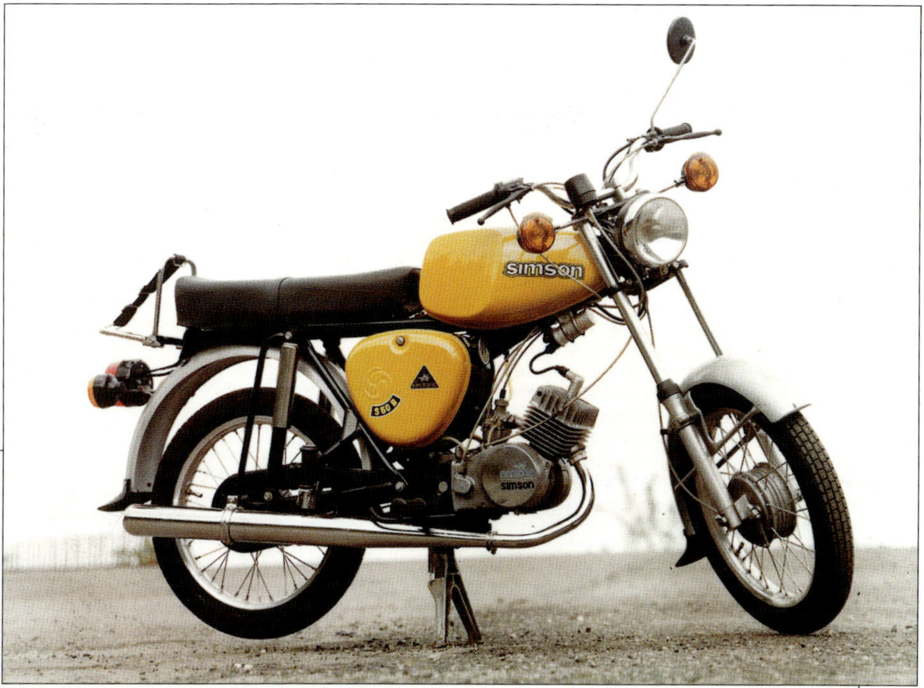
SIMSON
S50 B
simson

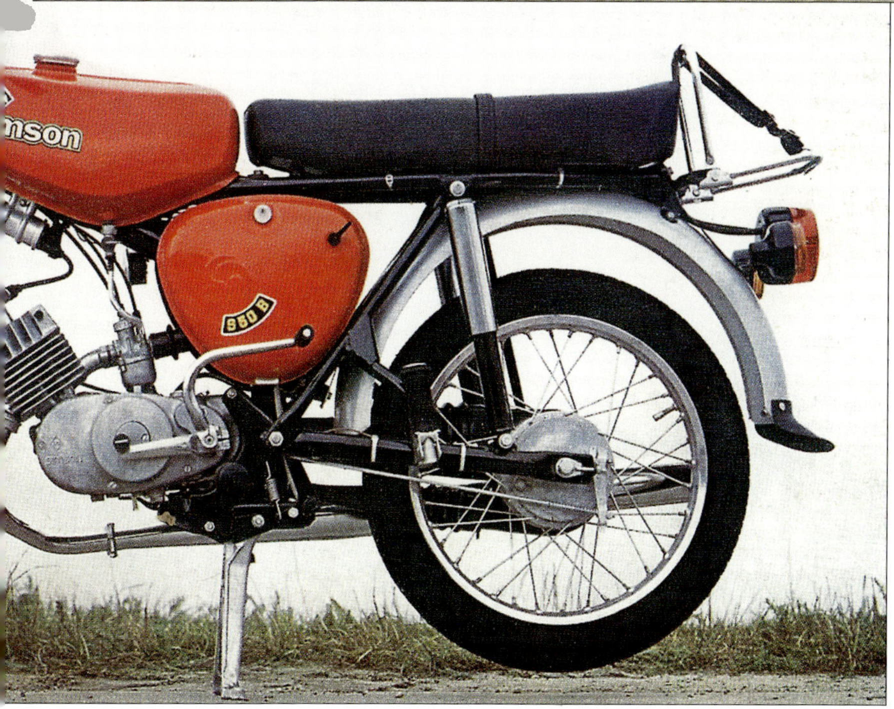
S50 B

Simson
S 51 N

SIMSON

Produktionszeit:	1980-1987
Stückzahl:	103 000
Motor:	1-Zylinder-2-Takt
Kühlung:	Fahrtwind
Hubraum:	49,8 ccm
Bohrung x Hub:	38 x 44 mm
Verdichtung:	9,5:1
Leistung:	3,7 PS / 5500/min
Vergaser:	BVF 16 N3-4
Zündung:	Schwunglichtmagnet
Kupplung:	4-Scheiben-Ölbad
Getriebe:	3-Gang
Rahmen:	Zentralrohr
Federung vorn:	Teleskopgabel
Federung hinten:	Langschwinge Federbein, hydr. gedämpft
Reifen vorn:	2,75 x 16
Reifen hinten:	2,75 x 16
Bremse vorn:	Vollnaben, 125 mm
Bremse hinten:	Vollnaben 125 mm
Leergewicht:	75,5 kg
Tankinhalt:	8,7 Liter
Höchstgeschw.:	60 km/h
Neupreis:	k.A.

Die Serienfertigung des neuen Simson-Motors M 531/541 konnte fristgerecht zum 7. Oktober 1979, dem 30. Gründungstag der DDR, vermeldet werden. Das Warten hatte sich zweifellos gelohnt, denn was da von den inzwischen erfahrenen Motorkonstrukteuren an technischem Know How in eine schöne Form gepackt wurde, gehörte unter den Zweitaktmotoren der Schnapsglasklasse zweifellos zur Weltspitze. Neben zahlreichen kleineren Details und dem sichtbar flacheren, neuen Scheinwerfer trug der neue Motor den Hauptteil zur neuen S 51-Serie bei.

Das Grundmodell S 51 N mit Dreigang-Getriebe fuhr weiterhin ausschließlich in Blau und mit vereinfachter elektrischer Ausrüstung. Immerhin hatte sich die Lichtleistung auf 25 W erhöht, was in Verbindung mit der Primärzündung nun auch eine außen liegende Zündspule bedingte.

Simson
S 51 B1-3

SIMSON

Produktionszeit:	1980-1988
Stückzahl:	242 000
Motor:	1-Zylinder-2-Takt
Kühlung:	Fahrtwind
Hubraum:	49,8 ccm
Bohrung x Hub:	38 x 44 mm
Verdichtung:	9,5:1
Leistung:	3,7 PS / 5500/min
Vergaser:	BVF 16 N3-4
Zündung:	Schwunglichtmagnet
Kupplung:	4-Scheiben-Ölbad
Getriebe:	3-Gang
Rahmen:	Zentralrohr
Federung vorn:	Teleskopgabel
Federung hinten:	Langschwinge Federbein, hydr. gedämpft
Reifen vorn:	2,75 x 16
Reifen hinten:	2,75 x 16
Bremse vorn:	Vollnaben, 125 mm
Bremse hinten:	Vollnaben 125 mm
Leergewicht:	79,5 kg
Tankinhalt:	8,7 Liter
Höchstgeschw.:	60 km/h
Neupreis:	k.A.

Die 3 stand für Dreigang-Motor; ansonsten hatte sich in der Ausstattung gegenüber dem S 50 B1 nichts geändert.

Das neue Triebwerk, das ja zuvor schon in der Schwalbe Verwendung gefunden hatte, wies nun einen Kickstarter auf, der nicht mehr in das bekannte Zahnsegment, sondern in eine robuste Stirnverzahnung eingriff.

An der schon legendären Langlebigkeit und Zuverlässigkeit, diesen schon seit einem Vierteljahrhundert bei Simson-Mopeds geschätzten Tugenden, änderte sich dadurch nichts. Von diesem großen Wurf zehrten die Simson-Leute nach über 20 Jahren noch: Der M 541 bildete auch 2002 noch die Grundlage des Mokick- und Kleinrollerbaus in Suhl.

Simson **SIMSON**
S 51 B1-4/S 51/1B

Endlich gab es aus Suhl wieder ein Zweirad
mit Viergang-Schaltung. Das blieb aber auch
schon der einzige Unterschied zum S 51
B 1-3 bzw. S 50 B1.
Zum Januar 1989 straffte Simson das Mokick-
Programm, das zeitweise 34 Modellvarianten
aufwies, und verband dies mit der Einführung
einer 12-V-Elektrik. Für die inzwischen auch
in der DDR per Gesetz in Kraft getretene For-
derung nach einem bei Tageslicht eingeschal-
teten Hauptscheinwerfer an motorisierten Zweirädern, setzten die Simson-Techniker einen
elektronischen Wechselspannungsregler ein,
der zwei Zündlichtschalter-Stellungen zuließ.
Die neuen 35/35 W Halogenlampen wurden
am Tag mit 12,2 V gespeist und erhielten bei
Nachtfahrt 14 V. Damit sollte die Lebensdauer
der Glühlampen verlängert werden. Die Bezeichnung änderte sich in S 51/1B.

Produktionszeit:	1980-1989 / 1989-1990
Stückzahl:	360 600 / 91 500
Motor:	1-Zylinder-2-Takt
Kühlung:	Fahrtwind
Hubraum:	49,8 ccm
Bohrung x Hub:	38 x 44 mm
Verdichtung:	9,5:1
Leistung:	3,7 PS / 5500/min
Vergaser:	BVF 16 N3-4
Zündung:	Schwunglichtmagnet
Kupplung:	4-Scheiben-Ölbad
Getriebe:	4-Gang
Rahmen:	Zentralrohr
Federung vorn:	Teleskopgabel
Federung hinten:	Langschwinge Federbein, hydr. gedämpft
Reifen vorn:	2,75 x 16
Reifen hinten:	2,75 x 16
Bremse vorn:	Vollnaben, 125 mm
Bremse hinten:	Vollnaben 125 mm
Leergewicht:	79,5 kg / 78,5
Tankinhalt:	8,7 Liter
Höchstgeschw.:	60 km/h
Neupreis:	k.A.

Simson **SIMSON**
S 51 B2-4/B2-4/1/ S 51/1C1

Das neue Spitzenmodell aus Suhl wies neben dem vierten Gang einige weitere Änderungen gegenüber dem S 50 B2 auf: 60-mm-Tacho mit Blinkkontrollleuchte, 120-mm-Rückspiegel und frei liegende, mit schwarzem Kunststoff beschichtete Federn der Hinterradfederbeine. Außerdem waren die Lenkergriffe längs verrippt und stärker profiliert. Neu im Farbprogramm und ausschließlich diesem Modell vorbehalten, war ein kräftiges, dunkles Grün (»Billardgrün«). Für 1582 harte D-Mark bot die Stuttgarter Reifengroßhandlung Lange das Simson Top-Modell an. Für die immer noch geltenden 40 km/h Höchstgeschwindigkeit drosselten die Techniker den Motor auf 2,8 PS. Auch eine 3,4 PS-Variante für 50 km/h war erhältlich. In der DDR avancierte das Modell mit Plasthandhebeln, zweitem Spiegel und Faltenbälgen zum S 51 B 2-4/1 und ab 1989 mit der neuen Elektrik zum S 51/1C1.

Produktionszeit:	1980-1989 / 1989-1990
Stückzahl:	305 100
Motor:	1-Zylinder-2-Takt
Kühlung:	Fahrtwind
Hubraum:	49,8 ccm
Bohrung x Hub:	38 x 44 mm
Verdichtung:	9,5:1
Leistung:	3,7 PS / 5500/min
Vergaser:	BVF 16 N3-4
Zündung:	Zündelektronik
Kupplung:	4-Scheiben-Ölbad
Getriebe:	4-Gang
Rahmen:	Zentralrohr
Federung vorn:	Teleskopgabel
Federung hinten:	Langschwinge Federbein, hydr. gedämpft
Reifen vorn:	2,75 x 16
Reifen hinten:	2,75 x 16
Bremse vorn:	Vollnaben, 125 mm
Bremse hinten:	Vollnaben 125 mm
Leergewicht:	79,5 kg
Tankinhalt:	8,7 Liter
Höchstgeschw.:	60 km/h
Neupreis:	DM 1582,- ; 1995,- (Ost)

Simson
S 51 E/S 51/1E1

SIMSON

Produktionszeit:	1982-1988 / 1989-1990
Stückzahl:	160 000 / 53 500
Motor:	1-Zylinder-2-Takt
Kühlung:	Fahrtwind
Hubraum:	49,8 ccm
Bohrung x Hub:	38 x 44 mm
Verdichtung:	9,5:1
Leistung:	3,7 PS / 5500/min
Vergaser:	BVF 16 N3-4
Zündung:	Zündelektronik
Kupplung:	4-Scheiben-Ölbad
Getriebe:	4-Gang
Rahmen:	Zentralrohr mit Unterzug
Federung vorn:	Teleskopgabel
Federung hinten:	Langschwinge Federbein, hydr. gedämpft
Reifen vorn:	2,75 x 16
Reifen hinten:	2,75 x 16
Bremse vorn:	Vollnaben, 125 mm
Bremse hinten:	Vollnaben 125 mm
Leergewicht:	83 kg
Tankinhalt:	8,7 Liter
Höchstgeschw.:	60 km/h
Neupreis:	2390 Mark (Ost)

Im Dezember 1981 kam die Enduro-Variante S 51 E in den Handel. Das bis dahin teuerste Modell der Reihe hatte serienmäßig Faltenbälge an der Telegabel und einen rechten Spiegel am höher gezogenen Lenker. In die Höhe ging es auch mit dem Auspuff, der im Bereich der Fahrer- und Beifahrerbeine mit einem schwarzen Schutzgitter ummantelt wurde. Die hinteren Blinker saßen oberhalb des vergrößerten Rücklichts. Der Kickstarterhebel war einklappbar und die von der MZ ETZ 250 abstammenden Federbeine konnte der Enduro-Besitzer verstellen. Die Stabilität des Rahmens erhöhten die angeschraubte Unterzüge; die Verwendung von Stahlfelgen wie auch die aufgezogenen Reifen mit Stollenprofil K 32 waren weitere Anpassungen an den Einsatzzweck. Für eine sportlichere Optik sorgten überdies die versteppte, hinten etwas aufgepolsterte Sitzbank sowie gekürzte Schutzbleche. Lackiert wurde ausschließlich in Metallic-grau, oder, wie es offiziell hieß, in »Metalleffekt-AL-Silber-Farbton«. »S 51/ 1E1« lautete die Typenbezeichnung ab 1989 mit neuer Elektrik.

Simson
S 51 E II/S 51/1E

SIMSON

Um der Preiskritik den Wind aus den Segeln zu nehmen, reichte Simson 1984 eine abgespeckte Enduro-Variante unter der Bezeichnung S 51 E/4 nach. Mit der Elektrik des N-Modells und ohne verstellbare Federbeine konnte der Preis knapp unter 2000 Mark gehalten werden. Ganz anders sah das beim dritten Enduro-Modell aus: Ab 1987 konnte die Fünfziger wahlweise mit hochgezogenen Kunststoff-kotflügeln unter der Bezeichnung S 51 E II geordert werden. Die Variante mit neuer Elektrik hieß ab 1989 S 51/1E

Produktionszeit:	1987-1988 / 1989-1990
Stückzahl:	160 000 (bis 1988) / 53 500 (1989/1990)
Motor:	1-Zylinder-2-Takt
Kühlung:	Fahrtwind
Hubraum:	49,8 ccm
Bohrung x Hub:	38 x 44 mm
Verdichtung:	9,5:1
Leistung:	3,7 PS / 5500/min
Vergaser:	BVF 16 N3-4
Zündung:	Zündelektronik
Kupplung:	4-Scheiben-Ölbad
Getriebe:	4-Gang
Rahmen:	Zentralrohr mit Unterzug
Federung vorn:	Teleskopgabel
Federung hinten:	Langschwinge Federbein, hydr. gedämpft
Reifen vorn:	2,75 x 16
Reifen hinten:	2,75 x 16
Bremse vorn:	Vollnaben, 125 mm
Bremse hinten:	Vollnaben 125 mm
Leergewicht:	83,5 kg
Tankinhalt:	8,7 Liter
Höchstgeschw.:	60 km/h
Neupreis:	k.A.

Simson **SIMSON**
S 51 C/S 51/1C

Ab Januar 1983 ging die sechste Mokick-Variante, das S 51 Comfort, in Produktion. Zum Preis der Enduro angeboten, hatte man an diesem alle Enduroteile wieder abgeschraubt und um einen Drehzahlmesser, eine Seitenstütze (zusätzlich zum Hauptständer), geschwärzte Motorteile und neue Reifen (2.75-16 R K35) ergänzt. Kaum wahrnehmbar, hatten die Seitendeckel überdies eine zusätzliche Prägung erhalten. Zusammen mit Tank und Schutzblechen wurden sie in einem fragwürdigen »Atlasweiß« lackiert. Die geplante, sehr schöne weinrote Metallic-Lackierung war leider nicht realisierbar. Ab 1989 nannte sich die Komfort-Variante mit neuer Elektrik S 51/1C.

Produktionszeit:	1983-1989 / 1989-1990
Stückzahl:	31 000 / 81 750
Motor:	1-Zylinder-2-Takt
Kühlung:	Fahrtwind
Hubraum:	49,8 ccm
Bohrung x Hub:	38 x 44 mm
Verdichtung:	9,5:1
Leistung:	3,7 PS / 5500/min
Vergaser:	BVF 16 N3-4
Zündung:	Zündelektronik
Kupplung:	4-Scheiben-Ölbad
Getriebe:	4-Gang
Rahmen:	Zentralrohr
Federung vorn:	Teleskopgabel
Federung hinten:	Langschwinge Federbein, hydr. gedämpft
Reifen vorn:	2,75 x 16
Reifen hinten:	2,75 x 16
Bremse vorn:	Vollnaben, 125 mm
Bremse hinten:	Vollnaben 125 mm
Leergewicht:	82 kg
Tankinhalt:	8,7 Liter
Höchstgeschw.:	60 km/h
Neupreis:	2390 Mark (Ost)

Simson S 70 C

SIMSON

Produktionszeit:	1983-1988
Stückzahl:	20 000
Motor:	1-Zylinder-2-Takt
Kühlung:	Fahrtwind
Hubraum:	69,9 ccm
Bohrung x Hub:	45 x 44 mm
Verdichtung:	10,5:1
Leistung:	5,6 PS / 6000/min
Vergaser:	BVF 16 N3-5
Zündung:	Zündelektronik
Kupplung:	4-Scheiben-Ölbad
Getriebe:	4-Gang
Rahmen:	Zentralrohr mit Unterzug
Federung vorn:	Teleskopgabel
Federung hinten:	Langschwinge Federbein, hydr. gedämpft
Reifen vorn:	2,75 x 16
Reifen hinten:	2,75 x 16
Bremse vorn:	Vollnaben, 125 mm
Bremse hinten:	Vollnaben 125 mm
Leergewicht:	82,5 kg
Tankinhalt:	8,7 Liter
Höchstgeschw.:	75 km/h
Neupreis:	1690 DM, 2490 (Ost)

Im Sommer 1983 startete die Fertigung des S 70 C (Exportbezeichnung »Simson Super S 80«), das sich äußerlich nur durch die vom Enduro-Mokick her bekannten Rahmenunterzüge, dem größeren Signalhorn unter dem Tank und der durchgehend roten Lackierung vom S 51 Comfort unterschied. Der größere Motor leistete 5,6 PS bei 6000/min und beschleunigte offiziell bis auf 75 km/h. Der Preis von 2490 Mark kam dem der MZ 125 schon recht nahe; für beide musste der Motorradführerschein gemacht und zwölf Mark KFZ-Steuer bezahlt werden.

Im Westen bot die Firma Lange die Achtziger zum Kampfpreis von 1690 Mark an. Die westdeutschen Motor-Journalisten lobten den geringen Verbrauch, die Wendigkeit und den Federungskomfort. Die Kettenkapselung und der Choke am Lenker wurden besonders herausgehoben. Die Fahrleistungen wurden dagegen eher als moderat, das Styling als »zweifelhaft« bezeichnet. Während in der DDR alles ein »Motorrad« war, was mehr als 50 ccm Hubraum hatte, gehörte das S 70 C im Westen zu den »Leichtkrafträdern«.

Simson SIMSON
S 70 E/E II/S 70 1E

Einige Wochen nach dem C-Modell feierte auch die aufgebohrte Enduro Premiere. Grundlage bildete hier wieder die Fünfziger, die den größeren Motor und eine verstärkte Telegabel erhalten hatte. Dank der anderen Tragfedern konnten wieder Leichtmetallfelgen verwendet werden. Im Gegensatz zum kleineren Bruder erhielt das S 70 E noch den Seitenständer der C-Modelle. Im Westen wurde das Zweirad als »Simson Super 80 Enduro« angeboten. Ursprünglich hatte die Maschine einen hoch gesetzten Kunststoff-Kotflügel erhalten sollen, der aber erst im Juli 1985, nach bereits 2500 gebauten Enduros, in Serie gehen konnte. Flugs änderte sich die Typenbezeichnung in S 70 E II. Da sich die 70er schlecht verkauften, fertigten die Thüringer ab 1989 unter der Bezeichnung S 70 /1 E nur noch das Enduro-Modell, jetzt mit 12-V-Elektrik.

Produktionszeit:	1983-1988 / 1985-1989 / 1989-1990
Stückzahl:	12 900 (E u. E II) / 4350
Motor:	1-Zylinder-2-Takt
Kühlung:	Fahrtwind
Hubraum:	69,9 ccm
Bohrung x Hub:	45 x 44 mm
Verdichtung:	10,5:1
Leistung:	5,6 PS / 6000/min
Vergaser:	BVF 16 N3-5
Zündung:	Zündelektronik
Kupplung:	4-Scheiben-Ölbad
Getriebe:	4-Gang
Rahmen:	Zentralrohr mit Unterzug
Federung vorn:	Teleskopgabel
Federung hinten:	Langschwinge Federbein, hydr. gedämpft
Reifen vorn:	16 x 2,75
Reifen hinten:	16 x 2,75
Bremse vorn:	Vollnaben, 125 mm
Bremse hinten:	Vollnaben 125 mm
Leergewicht:	84 kg
Tankinhalt:	8,7 Liter
Höchstgeschw.:	75 km/h
Neupreis:	DM 1751

Simson S 70 ES

SIMSON

Ende der achtziger Jahre legte man bei Simson noch einmal eine Kleinserie von Sonderenduros auf, die für die GST (Gesellschaft für Sport und Technik), einer paramilitärischen Jugendorganisation in der DDR, gedacht war. Ein nach links durch den Seitendeckel verlegter richtiger Enduro-Auspuff, und eine Ballhupe sollten die Jugend in die immer mehr ins Abseits geratende Organisation locken.

Produktionszeit:	k.A.
Stückzahl:	k.A.
Motor:	1-Zylinder-2-Takt
Kühlung:	Fahrtwind
Hubraum:	69,9 ccm
Bohrung x Hub:	45 x 44 mm
Verdichtung:	10,5:1
Leistung:	5,6 PS / 6000/min
Vergaser:	BVF 16 N3-5
Zündung:	Zündelektronik
Kupplung:	4-Scheiben-Ölbad
Getriebe:	4-Gang
Rahmen:	Zentralrohr mit Unterzug
Federung vorn:	Teleskopgabel
Federung hinten:	Langschwinge Federbein, hydr. gedämpft
Reifen vorn:	16 x 2,75
Reifen hinten:	16 x 2,75
Bremse vorn:	Vollnaben, 125 mm
Bremse hinten:	Vollnaben 125 mm
Leergewicht:	84 kg
Tankinhalt:	8,7 Liter
Höchstgeschw.:	75 km/h
Neupreis:	K.A.

Simson SR 50 N/SR 50 B3

Analog zur Mokick-Baureihe bildete das »N«-Modell den Einstieg in die neue Mokick-Roller-Klasse. Die blau-weiß lackierte Basis-Variante verzichtete auf Blinker, die »Hupe« wurde von vier Monozellen gespeist. Mit dem Getriebe konnte bis in den dritten Gang geschaltet werden; ein Zündschloss zum Abstellen des Triebwerks gab es nicht. Ein Schwunglichtprimärzünder und 25/25 W Lichtleistung waren weitere Merkmale dieser wenig beliebten und mager ausgestatteten Sparvariante, die dafür relativ teuer war. Kein Wunder also, dass schon 1987 die Produktion stillschweigend wieder eingestellt wurde. Weiter gebaut wurde dagegen die SR 50 B3, immer noch mit drei Gängen, kleinem Rückspiegel und einfache Armaturen im Lenkergehäuse – aber jetzt mit Vierleuchten-Blinkanlage und 6-V-Batterie.

Produktionszeit:	1986-1987 / 1986-1989
Stückzahl:	6740 / 96 430
Motor:	1-Zylinder-2-Takt
Kühlung:	Fahrtwind
Hubraum:	49,8 ccm
Bohrung x Hub:	38 x 44 mm
Verdichtung:	9,5:1
Leistung:	3,7 PS / 5500/min
Vergaser:	BVF 16 N3-4
Zündung:	Schwunglichtmagnet
Kupplung:	4-Scheiben-Ölbad
Getriebe:	3-Gang

Rahmen:	Blech-Formteilrahmen
Federung vorn:	Teleskopgabel
Federung hinten:	Langschwinge Federbein, hydr. gedämpft
Reifen vorn:	3,00-12R
Reifen hinten:	3,00-12R
Bremse vorn:	Vollnaben, 125 mm
Bremse hinten:	Vollnaben 125 mm
Leergewicht:	80 / 82 kg
Tankinhalt:	8,7 Liter
Höchstgeschw.:	60 km/h
Neupreis:	1880 / 2190 Mark (Ost)

Simson SR 50 B4

Ab dieser Variante des Mokick-Rollers konnte nicht nur ein vierter Gang eingelegt, sondern auch in zwei Rückspiegel geschaut werden. Den Lenkerkopf zierte nun ein rechteckiges Kombiinstrument mit Tachometer, Kontrollleuchten und Zündlichtschalter. Dank eines Seitengepäckständers am rechten Fahrzeugheck konnten auch größere Gepäckstücke transportiert werden.

Die hinteren Federbeine lagen frei und wurden nicht mehr in hässlichen schwarzen Hülsen geführt.

Produktionszeit:	1986-1989
Stückzahl:	k.A.
Motor:	1-Zylinder-2-Takt
Kühlung:	Fahrtwind
Hubraum:	49,8 ccm
Bohrung x Hub:	38 x 44 mm
Verdichtung:	9,5:1
Leistung:	3,7 PS / 5500/min
Vergaser:	BVF 16 N3-4
Zündung:	Schwunglichtmagnet
Kupplung:	4-Scheiben-Ölbad
Getriebe:	4-Gang
Rahmen:	Blech-Formteilrahmen
Federung vorn:	Teleskopgabel
Federung hinten:	Langschwinge Federbein, hydr. gedämpft
Reifen vorn:	3,00-12R
Reifen hinten:	3,00-12R
Bremse vorn:	Vollnaben, 125 mm
Bremse hinten:	Vollnaben 125 mm
Leergewicht:	82,5 kg
Tankinhalt:	8,7 Liter
Höchstgeschw.:	60 km/h
Neupreis:	2365 Mark (Ost)

Simson ✦SIMSON
SR 50 CE/SR 50 C

Produktionszeit:	1986-1988 / 1987-1989
Stückzahl:	7300 / 16 750
Motor:	1-Zylinder-2-Takt
Kühlung:	Fahrtwind
Hubraum:	49,8 ccm
Bohrung x Hub:	38 x 44 mm
Verdichtung:	9,5:1
Leistung:	3,7 PS / 5500/min
Vergaser:	BVF 16 N3-4
Zündung:	Zündelektronik
Kupplung:	4-Scheiben-Ölbad
Getriebe:	4-Gang
Rahmen:	Blech-Formteilrahmen
Federung vorn:	Teleskopgabel
Federung hinten:	Langschwinge Federbein, hydr. gedämpft
Reifen vorn:	3,00-12R
Reifen hinten:	3,00-12R
Bremse vorn:	Vollnaben, 125 mm
Bremse hinten:	Vollnaben 125 mm
Leergewicht:	88 / 86 kg
Tankinhalt:	8,7 Liter
Höchstgeschw.:	60 km/h
Neupreis:	2885 Mark (Ost) / –

Das Top-Modell zeichnete sich durch die komfortable, gesteppte Sitzbank und die beiden im Durchmesser 120 mm großen Spiegel aus. Weniger gut sicht-, aber deutlich spürbar die fünffach verstellbaren hinteren Federbeine. Das 12-V-Bordnetz sorgte nicht nur für gute Lichtverhältnisse (35/35 W), sondern auch dafür, dass der kleine Fünfziger wahlweise mit dem Kickstarter oder mit einem – erstmals bei Simson eingesetzten – elektrischen Starter angelassen werden konnte. Gezündet wurde beim CE selbstverständlich elektronisch. Soviel Luxus hatte natürlich seinen Preis; mit 2885 Mark avancierte der SR 50 CE zum teuersten Simson-Fünfziger aller Zeiten. Für ein paar Hunderter weniger reichte Simson 1987 den SR 50 C nach. Er bot allen Luxus des Top-Modells und verzichtete lediglich auf den sowieso entbehrlichen und sehr störanfälligen Elektrostarter.

Simson SR 50/1B

Wie das Mokick-Programm wurde auch das Roller-Angebot mit Beginn des Modelljahres 1989 gestrafft. Alle Modelle erhielten jetzt eine moderne, schwarz emaillierte Kompakt-abgasanlage; die 6-V-Elektrik gehörte, ebenso wie das Dreigang-Getriebe, endgültig der Vergangenheit an. Das Basismodell bildete jetzt der SR 50 /1B mit 35/35 W Lichtausbeute.

Produktionszeit:	1989-1990
Stückzahl:	51 350
Motor:	1-Zylinder-2-Takt
Kühlung:	Fahrtwind
Hubraum:	49,8 ccm
Bohrung x Hub:	38 x 44 mm
Verdichtung:	9,5:1
Leistung:	3,7 PS / 5500/min
Vergaser:	BVF 16 N3-4
Zündung:	Schwunglichtmagnet
Kupplung:	4-Scheiben-Ölbad
Getriebe:	4-Gang
Rahmen:	Blech-Formteilrahmen
Federung vorn:	Teleskopgabel
Federung hinten:	Langschwinge Federbein, hydr. gedämpft
Reifen vorn:	3,00-12R
Reifen hinten:	3,00-12R
Bremse vorn:	Vollnaben, 125 mm
Bremse hinten:	Vollnaben 125 mm
Leergewicht:	83 kg
Tankinhalt:	8,7 Liter
Höchstgeschw.:	60 km/h
Neupreis:	2365 Mark (Ost)

Simson SR 50/1C/ SR 50/1CE

SIMSON

So hell wie beim SR 50/1B war es jetzt auch beim SR 50/1C, allerdings von einer Halogenlampe ausgehend. Die besaßen auch die Roller SR 50/1CE und SR 80 /1CE. Allen drei C-Modellen war noch ein Wechselspannungsregler gemeinsam.

Nur im Westen erhielt der SR 50/1CE, hier immer noch als »Bunny« angeboten, wahlweise einen Katalysator für DM 200,- Aufpreis. Das erfreute zwar wieder die Motor-Journalisten, lockte aber kaum mehr Käufer hinter dem Ofen hervor.

Produktionszeit:	1989-1990
Stückzahl:	20 380 / 4500
Motor:	1-Zylinder-2-Takt
Kühlung:	Fahrtwind
Hubraum:	49,8 ccm
Bohrung x Hub:	38 x 44 mm
Verdichtung:	9,5:1
Leistung:	3,7 PS / 5500/min
Vergaser:	BVF 16 N3-4
Zündung:	Zündelektronik
Kupplung:	4-Scheiben-Ölbad
Getriebe:	4-Gang
Rahmen:	Blech-Formteilrahmen
Federung vorn:	Teleskopgabel
Federung hinten:	Langschwinge Federbein, hydr. gedämpft
Reifen vorn:	3,00-12R
Reifen hinten:	3,00-12R
Bremse vorn:	Vollnaben, 125 mm
Bremse hinten:	Vollnaben 125 mm
Leergewicht:	87 / 88,5 kg
Tankinhalt:	8,7 Liter
Höchstgeschw.:	60 km/h
Neupreis:	– / 2885 Mark (Ost)

SR 50
»Bunny«

In der Bundesrepublik bekam der als »Bunny«
angebotene Mokick-Roller (DDR-Typ SR 50
CE und SR 50 C) beste Kritiken von der Fach-
presse und das nicht nur wegen seines geringen Preises von DM 2350,-. Für die seit dem
1. April 1986 im Westen für Mokicks (jetzt
»Kleinkrafträder«) geltende Höchstgeschwindigkeit von 50 km/h fuhr der »Bunny« mit gedrosseltem 3,4-PS-Motor. Und für 200 Mark
Aufpreis gab es den SR 50/1CE »Bunny« auch
mit Katalysator, wenn auch nur in der Bundesrepublik, nicht aber in der DDR.
Importeur für die Roller war die Firma Zweirad-
Rüth in Hammelbach.

Produktionszeit:	1987-1990
Stückzahl:	siehe C-Modelle
Motor:	1-Zylinder-2-Takt
Kühlung:	Fahrtwind
Hubraum:	49,8 ccm
Bohrung x Hub:	38 x 44 mm
Verdichtung:	8,5:1
Leistung:	3,4 PS / 5000/min
Vergaser:	BVF 16 N3-4
Zündung:	Zündelektronik
Kupplung:	4-Scheiben-Ölbad
Getriebe:	4-Gang
Rahmen:	Blech-Formteilrahmen
Federung vorn:	Teleskopgabel
Federung hinten:	Langschwinge Federbein, hydr. gedämpft
Reifen vorn:	3,00-12R
Reifen hinten:	3,00-12R
Bremse vorn:	Vollnaben, 125 mm
Bremse hinten:	Vollnaben 125 mm
Leergewicht:	87 / 88,5 kg
Tankinhalt:	8,7 Liter
Höchstgeschw.:	60 km/h
Neupreis:	2350 DM

Simson SR 80 CE/ SR 80/1CE

Nachdem der aufgebohrte Motor schon drei Jahre zuvor das Simson-Mokick zum Kleinkraftrad gemacht hatte, kam der stärkere Motor auch bei der neuen Roller-Generation zum Einsatz. Mit dem großen Roller versprach man sich bessere Verkaufszahlen als beim schwächelnden S 70-Absatz. Doch das Gegenteil trat ein, nicht einmal 2000 Exemplare des 2995 Mark teuren SR 80 CE konnten bis 1989 abgesetzt werden. Abgesehen vom stärkeren Motor, der den Roller 70 km/h schnell machte, gab es gegenüber dem Fünfziger CE keine Veränderungen. Aber im

Gegensatz zu diesem brauchte man eben einen Motorradführerschein, um ihn fahren zu dürfen. Außerdem fuhr die Klientel, für die

Produktionszeit:	1987/1988-1989/1990
Stückzahl:	1880 / 950
Motor:	1-Zylinder-2-Takt
Kühlung:	Fahrtwind
Hubraum:	69,9 ccm
Bohrung x Hub:	45 x 44 mm
Verdichtung:	10,5:1
Leistung:	5,6 PS / 6000/min
Vergaser:	BVF 16 N3-3
Zündung:	Zündelektronik
Kupplung:	4-Scheiben-Ölbad
Getriebe:	4-Gang
Rahmen:	Blech-Formteilrahmen
Federung vorn:	Teleskopgabel
Federung hinten:	Langschwinge Federbein, hydr. gedämpft
Reifen vorn:	3,00-12R
Reifen hinten:	3,00-12R
Bremse vorn:	Vollnaben, 125 mm
Bremse hinten:	Vollnaben 125 mm
Leergewicht:	88,5 / 89 kg
Tankinhalt:	8,7 Liter
Höchstgeschw.:	70 km/h
Neupreis:	2995 Mark (Ost)

ein größerer Roller Jahre zuvor vielleicht interessant gewesen wäre, jetzt lieber Auto. 1989 änderte sich die Bezeichnung durch Einführung der Halogenbeleuchtung und des Wechselspannungsreglers in SR 80/1CE, im Jahr darauf lief die Produktion aus.

Simson S 53 N

Eigentlich sollte noch zu DDR-Zeiten mit dem S 52 ein völlig neues Mokick mit Zentral-federbein auf den Markt kommen. Da dies nicht genehmigt wurde, musste im Wende-herbst 1989 improvisiert werden, um irgend etwas Neues auf den nun westlichen Markt zu bringen – und sei es nur eine neue Optik zum altbewährten Fahr- und Triebwerk. Eine ange-deutete Kanzel um den Scheinwerfer herum, ein neuer Tank, neue Seitenteile und schließ-lich ein neuer hinterer Kotflügel aus Kunststoff ließen das neue Mokick tatsächlich nicht schlecht aussehen. Die Sitzbank übernahmen die Konstrukteure vom SR 50/80. Bei den Typenbezeichnungen hielt man am bewährten Muster fest. Gestartet wurde mit dem S 53 N als Basisversion, die jetzt über eine Blink-anlage verfügte.

Produktionszeit:	1990-1994
Stückzahl:	ca. 10 500
	(alle S 53-Typen)
Motor:	1-Zylinder-2-Takt
Kühlung:	Fahrtwind
Hubraum:	49,8 ccm
Bohrung x Hub:	38 x 44 mm
Verdichtung:	9,5:1
Leistung:	3,4 PS / 5000/min
Vergaser:	BVF 16 N3-4
Zündung:	Zündelektronik
Kupplung:	4-Scheiben-Ölbad
Getriebe:	3-Gang

Rahmen:	Zentralrohr
Federung vorn:	Teleskopgabel
Federung hinten:	Langschwinge
	Federbein,
	hydr. gedämpft
Reifen vorn:	16 x 2,75
Reifen hinten:	16 x 2,75
Bremse vorn:	Vollnaben 125 mm
Bremse hinten:	Vollnaben 125 mm
Leergewicht:	78 kg
Tankinhalt:	8,7 Liter
Höchstgeschw.:	50 km/h
Neupreis:	k. A.

Simson
S 53 B / S 83 B

Produktionszeit:	1990-1994 / 1991-1994
Stückzahl:	ca. 10 500 (S 53-Typen)
Motor:	1-Zylinder-2-Takt
Kühlung:	Fahrtwind
Hubraum:	49,8 / 69,9 ccm
Bohrung x Hub:	38 x 44 / 45 x 44 mm
Verdichtung:	9,5:1 / 10,5:1
Leistung:	3,3 PS / 5300/min / 5,6 PS / 6000/min
Vergaser:	BVF 16 N3-4 / 16 N3-3
Zündung:	Zündelektronik
Kupplung:	4-Scheiben-Ölbad
Getriebe:	4-Gang
Rahmen:	Zentralrohr / Z. mit Unterz.
Federung vorn:	Teleskopgabel
Federung hinten:	Langschwinge Federbein, hydr. gedämpft
Reifen vorn:	16 x 2,75
Reifen hinten:	16 x 2,75
Bremse vorn:	Vollnaben, 125 mm
Bremse hinten:	Vollnaben 125 mm
Leergewicht:	79 / 79,5 kg
Tankinhalt:	8,7 Liter
Höchstgeschw.:	50 / 75 km/h
Neupreis:	2900 / 3255 DM

Als die S 53-Familie im September 1990 endlich auf den Markt kam, hatte sich das Umfeld radikal geändert. Die Mauer war gefallen, westliche Autos, Motorräder und Roller eroberten die neuen Bundesländer. Die gestern so gefragten Mokicks waren heute völlig uninteressant geworden, zumal sich die Rechtslage wie auch die Zulassungsbestimmungen änderten. Die bis Ende 1991 vorgestellten acht Modellvarianten wurden zum Teil nicht einmal mehr mit Losgrößen in Serie gebaut. Vom B-Modell gab es mit dem aufgebohrten Motor auch wieder eine 70er Variante. Das Modell »B« stand wieder für eine mittlere Ausstattung, die eine 4-Gang-Schaltung beinhaltete.

Simson S 53 C

Ein Drehzahlmesser und der geschwärzte Motor samt Auspuffkrümmer unterschieden die Comfort-Variante vom B-Modell. Eine gesteppte Sitzbank hatte auch die Enduro.

Produktionszeit:	1990-1994
Stückzahl:	ca. 10 500
	(alle S 53-Typen)
Motor:	1-Zylinder-2-Takt
Kühlung:	Fahrtwind
Hubraum:	49,8
Bohrung x Hub:	38 x 44
Verdichtung:	9,5:1

Leistung:	3,3 PS / 5300/min
Vergaser:	BVF 16 N3-4
Zündung:	Zündelektronik
Kupplung:	4-Scheiben-Ölbad
Getriebe:	4-Gang
Rahmen:	Zentralrohr
Federung vorn:	Teleskopgabel
Federung hinten:	Langschwinge Federbein, hydr. gedämpft
Reifen vorn:	2,75 x 16
Reifen hinten:	2,75 x 16
Bremse vorn:	Vollnaben, 125 mm
Bremse hinten:	Vollnaben 125 mm
Leergewicht:	79
Tankinhalt:	8,7 Liter
Höchstgeschw.:	50
Neupreis:	k. A.

simson S 53c

simson
Fahrzeug-GmbH

neu!

Simson S 53 E (S 53 OR) / S 83 E (S 83 OR)

Die Enduro wies neben der sonstigen Voll-ausstattung die bekannten Unterzüge zur Ver-steifung des Rahmens auf. Sie blieb zunächst auch das einzig angebotene Achtziger-Modell (70-ccm-Motor). Ende 1991, es lief so gut wie nichts mehr, warf Simson noch das S 83 OR (Off Road) mit längerer Telegabel, 19/17″ Rädern und Scheibenbremse vorn ins Rennen.

Produktionszeit:	1990-1994 / 1991-1994
Stückzahl:	ca. 10 500 (alle S 53-Typen)
Motor:	1-Zylinder-2-Takt
Kühlung:	Fahrtwind
Hubraum:	49,8 / 69,9 ccm
Bohrung x Hub:	38 x 44 / 45 x 44 mm
Verdichtung:	9,5:1 / 10,5:1
Leistung:	3,3 PS / 5300/min /
Vergaser:	5,6 PS / 6000/min
Zündung:	BVF 16 N3-4 / 16 N3-3
Kupplung:	Zündelektronik
Getriebe:	4-Scheiben-Ölbad
Rahmen:	4-Gang
Federung vorn:	Zentralrohr mit Unterzug Teleskopgabel
Federung hinten:	Langschwinge Federbein, hydr. gedämpft
Reifen vorn:	2,75 x 16
Reifen hinten:	2,75 x 16
Bremse vorn:	Vollnaben, 125 mm
Bremse hinten:	Vollnaben 125 mm
Leergewicht:	81 / 81,5 kg
Tankinhalt:	8,7 Liter
Höchstgeschw.:	50 / 75 km/h
Neupreis:	k.A.

Simson
S 53 CX/S 83 CX

Die neuen Offroader halfen ebenso wenig wie die S 53 CX / S 83 CX-Typen, mit Scheibenbremsen und Aluminiumgussrädern.

Produktionszeit:	1992-1994
Stückzahl:	ca. 10 500 (alle S 53-T.)
Motor:	1-Zylinder-2-Takt
Kühlung:	Fahrtwind
Hubraum:	49,8 / 69,9 ccm
Bohrung x Hub:	38 x 44 / 45 x 44 mm
Verdichtung:	9,5:1 / 10,5:1
Leistung:	3,3 PS / 5300/min / 5,6 PS / 6000/min
Vergaser:	BVF 16 N3-4 / 16 N3-3
Zündung:	Zündelektronik
Kupplung:	4-Scheiben-Ölbad
Getriebe:	4-Gang
Rahmen:	Zentralrohr mit Unterzug
Federung vorn:	Teleskopgabel
Federung hinten:	Langschwinge Federbein, hydr. gedämpft
Reifen vorn:	2,75 x 16
Reifen hinten:	2,75 x 16
Bremse vorn:	Vollnaben, 125 mm
Bremse hinten:	Vollnaben 125 mm
Leergewicht:	k. A.
Tankinhalt:	8,7 Liter
Höchstgeschw.:	50 / 75 km/h
Neupreis:	k.A.

Mit knapp 5000 verkauften Mokicks im Jahre 1992 (Roller waren zuletzt schon nicht mehr im Programm) verkaufte Simson in einem Jahr so viel Zweiräder, wie noch zu Vorwendezeiten in einer Woche.
Die großen Zeiten des Thüringischen Fahrzeugbaus waren ein für allemal vorbei. Oder etwa doch nicht?

Simson SD 50 LT / Albatros

Im November 1991 gründeten einige führende Mitarbeiter die »Suhler Fahrzeugwerk GmbH«. Ihnen gelang es, nach wochenlangem Tauziehen, die Marktfähigkeit der letzten Typenreihen unter Beweis zu stellen, so dass ab Februar 1992 wieder produziert werden konnte. Knapp 200 Mitarbeiter hatte die neue

Produktionszeit:	1992-2002
Stückzahl:	k.A.
Motor:	1-Zylinder-2-Takt
Kühlung:	Fahrtwind
Hubraum:	49,9 ccm
Bohrung x Hub:	38 x 44 mm
Verdichtung:	9,5:1
Leistung:	3,3 PS / 5500/min
Vergaser:	BVF 16 N3-4
Zündung:	Zündelektronik
Kupplung:	4-Scheiben-Ölbad
Getriebe:	4-Gang
Rahmen:	Blech-Formteilrahmen
Federung vorn:	Teleskopgabel
Federung hinten:	Schwinge
Reifen vorn:	3,00-12R
Reifen hinten:	3,00-12R
Bremse vorn:	Vollnaben, 125 mm
Bremse hinten:	Vollnaben 125 mm
Leergewicht:	126 - 129 kg
Tankinhalt:	8,7 Liter
Höchstgeschw.:	60 km/h
Neupreis:	EUR 3200 / 4380 (2002)

GmbH aus dem alten Stamm rekrutiert und baute nun täglich rund 20 Fahrzeuge der letzten Mokick- und Rollertypen. Im Herbst kam das einzigartige Lastendreirad SD 50 LT auf den Markt. Basierend auf den letzten Rollern konnte es mit Kunststoffwanne (250 l) oder mit einer verschließbaren Aluminiumkiste (360 l) geliefert werden. Ab 1994 bekam das Lastendreirad die Bezeichnung »Albatros« und einen E-Starter. Ganz zum Schluss hieß es »Albatros 50«. Ende der neunziger Jahre war auch die gedrosselte Mofa-Variante mit 25 km/h Höchstgeschwindigkeit zu haben, zuletzt auch mit Getriebe-Automatik.

Simson SR 50/80 X / SR 50/80 Gamma / Star Classic

Produktionszeit:	1993-2002
Stückzahl:	3100 (bis 1997)
Motor:	1-Zylinder-2-Takt
Kühlung:	Fahrtwind
Hubraum:	49,8 ccm / 69,9 ccm
Bohrung x Hub:	38 x 44 / 45 x 44 mm
Verdichtung:	9,5:1 / 10,5:1
Leistung:	3,3 PS / 5500/min / 5,6 PS / 6000/min
Vergaser:	k.A.
Zündung:	Zündelektronik
Kupplung:	4-Scheiben-Ölbad
Getriebe:	4-Gang
Rahmen:	Blech-Formteilrahmen
Federung vorn:	Teleskopgabel
Federung hinten:	Langschwinge Federbein, hydr. gedämpft
Reifen vorn:	3,00-12R
Reifen hinten:	3,00-12R
Bremse vorn:	Vollnaben, 125 mm
Bremse hinten:	Vollnaben 125 mm
Leergewicht:	83,5 kg
Tankinhalt:	8,7 Liter
Höchstgeschw.:	50 km/h / 75 km/h
Neupreis:	EUR 1790 / 1900 (2002)

Die wirtschaftliche Situation der neuen Firma stabilisierte sich. Nach 15 Millionen DM im ersten Jahr setzte Simson 1993 21 Millionen Mark um. Der im April erschienene, leicht überarbeitete Roller SR 50 X trug zu diesem Ergebnis nicht unerheblich bei. In seinem Grundprinzip unverändert, lediglich mit gering-fügigen Designänderungen versehen, wurde der 1986 eingeführte Mokick-Roller bis zum Simson-Ende weiter gebaut. Ab 1994 unter der Bezeichnung »Gamma« und ab 1996 als »Star Classic« vermarktet, war er wahlweise mit 50 oder 70 ccm und in der gedrosselten 25er Version zu haben.

Simson S 53 / S 83 alpha

Produktionszeit:	1994-1996
Stückzahl:	k.A.
Motor:	1-Zylinder-2-Takt
Kühlung:	Fahrtwind
Hubraum:	49,9 ccm / 69,9 ccm
Bohrung x Hub:	38 x 44 / 45 x 44 mm
Verdichtung:	9,5:1 / 10,5:1
Leistung:	3,3 PS / 5500/min / 5,6 PS / 6000/min
Vergaser:	k.A.
Zündung:	Zündelektronik
Kupplung:	4-Scheiben-Ölbad
Getriebe:	4-Gang
Rahmen:	Zentralrohr mit Unterzug
Federung vorn:	Teleskopgabel
Federung hinten:	Langschwinge Federbein
Reifen vorn:	2,75 x 16
Reifen hinten:	2,75 x 16
Bremse vorn:	Vollnaben, 125 mm
Bremse hinten:	Vollnaben 125 mm
Leergewicht:	84 - 87 kg
Tankinhalt:	8,7 Liter
Höchstgeschw.:	50 km/h / 75 km/h
Neupreis:	DM 2790 / 3535

Ab Januar 1994 konnte die junge GmbH endlich auch mit einem komplett neuen Typenprogramm aufwarten. Freilich waren die Fahrzeuge grundsätzlich noch die alten, aber immerhin konnte man noch einmal mit überarbeiteten Anbauteilen und vor allem knackigen Farben aufwarten. In die Typen »alpha« und »beta« (Enduro) unterteilten sich die Mokick-Modelle, der Roller stand, wie bereits beschrieben, folgerichtig als »gamma« im Prospekt. Endlich konnte man auch ein Mofa anbieten. Alle Modelle konnten nun sowohl offen als auch mit gedrosseltem Motor angeboten werden. Die Ausstattungen unterschieden sich in »B« und »C«, wobei die C-Varianten über eine Scheibenbremse vorn und Gussspeichenräder verfügten.

Simson
S 53/S 83 beta

Beta stand für die bereits bekannten Enduro-Modelle, die jetzt aber durch einen geänderten Rahmen und das größere Vorderrad erstmals halbwegs nach Gelände aussahen.
Die Scheibenbremse vorn und ein insgesamt schickes Finish bescherten den Klein- und Leichtkrafträdern aus Suhl zumindest in Ostdeutschland immer noch eine treue Kundschaft.

Produktionszeit:	1994-1996
Stückzahl:	k.A.
Motor:	1-Zylinder-2-Takt
Kühlung:	Fahrtwind
Hubraum:	49,9 ccm / 69,9 ccm
Bohrung x Hub:	38 x 44 / 45 x 44 mm
Verdichtung:	9,5:1 / 10,5:1
Leistung:	3,3 PS / 5500/min / 5,6 PS / 6000/min
Vergaser:	k.A.
Zündung:	Zündelektronik
Kupplung:	4-Scheiben-Ölbad
Getriebe:	4-Gang
Rahmen:	Zentralrohr mit Unterzug
Federung vorn:	Teleskopgabel
Federung hinten:	Langschwinge Federbein
Reifen vorn:	19"
Reifen hinten:	17"
Bremse vorn:	Scheibe
Bremse hinten:	Vollnaben 125 mm
Leergewicht:	87,5 - 89,5 kg
Tankinhalt:	8,7 Liter
Höchstgeschw.:	50 km/h / 75 km/h
Neupreis:	DM 3995 / 4360

Star
25 / 50

Einen vorläufigen Höhepunkt erlebte die Suhler Fahrzeugwerk GmbH nach dem Serienstart des völlig neu entwickelten Rollers »Star 50« im März 1996. Das zwölfköpfige (!) Entwicklungsteam stieß mit dieser Neuentwicklung erstmals seit der Nachkriegszeit tatsächlich in die Weltspitze vor. Ein völlig neues Design, dazu Zentralfederbein hinten und der Zweitaktmotor mit Getrenntschmierung an dem Platz, wo er traditionell beim Roller hingehörte, brachten gute Kritiken der inzwischen eigenständigen Roller-Presse ein. Trotzdem schaffte »der einzige Motorroller Made in Germany« (Simson-Werbung) nicht den ganz großen Durchbruch.

Produktionszeit:	1996-2001
Stückzahl:	k.A.
Motor:	1-Zylinder-2-Takt
Kühlung:	Gebläse
Hubraum:	49,4 ccm
Bohrung x Hub:	k.A.
Verdichtung:	k.A.
Leistung:	2 PS / 4500/min / 5 PS /6500/min
Vergaser:	k.A.
Zündung:	Zündelektronik
Kupplung:	Automatik
Getriebe:	stufenlose Automatik
Rahmen:	Stahlrohr
Federung vorn:	Teleskopgabel
Federung hinten:	Zentralfederbein
Reifen vorn:	3,0 x 12
Reifen hinten:	3,0 x 12
Bremse vorn:	Vollnaben oder Scheibe (S-Ausführung)
Bremse hinten:	Vollnaben 125 mm
Leergewicht:	93 kg
Tankinhalt:	10,5 Liter
Höchstgeschw.:	25 km/h / 50 km/h
Neupreis:	DM 3554 / 3665 (3845 S-Ausführung)

Habicht
25 / 50 / 80

Die Absatzsituation verschlechterte sich nach der Mitte der neunziger Jahre wieder. Da half es auch nichts, dass Simson neben dem Star noch weitere altbekannte Vogelnamen wieder auferstehen ließ: Die Mokicks und Mofa-Mokicks der bisherigen Baureihen erhielten die Bezeichnung »Habicht« und »Sperber«.
Durch die Trennung in 25er- 50er und 80er Modelle sowie diverse verschiedene Ausstattungsvarianten ergab sich eine kaum noch zu durchschauende Fülle von Fahrzeugen im 1997er Simson-Katalog. Ohne weitere Zusatzbezeichnungen blieb der Habicht die mittlere Ausstattungsvariante, etwa der früheren B-Modelle entsprechend.

Produktionszeit:	1996-2001
Stückzahl:	k.A.
Motor:	1-Zylinder-2-Takt
Kühlung:	Fahrtwind
Hubraum:	49,9 ccm / 69,9 ccm
Bohrung x Hub:	38 x 44 / 45 x 44 mm
Verdichtung:	k.A.
Leistung:	1,56 PS / 4250/min / 3,3 PS /5500/min / 5,6 PS / 6000/min
Vergaser:	k.A.
Zündung:	Zündelektronik
Kupplung:	3 Scheiben Ölbad / 4 Sch.
Getriebe:	3 Gänge / 4 Gänge
Rahmen:	Stahlrohr
Federung vorn:	Teleskopgabel
Federung hinten:	Langschwinge, Federbein
Reifen vorn:	16"
Reifen hinten:	16"
Bremse vorn:	Trommel
Bremse hinten:	Trommel
Leergewicht:	79 kg
Tankinhalt:	8,7 Liter
Höchstgeschw.:	25 / 50 / 75 km/h
Neupreis:	DM 3150 / 3530 / 3905 (1997)

Habicht 50 S (50 CX) / 80 S

Für 1997 kam der Habicht mit Scheibenbremse (230 mm) vorn und Druckguss-
speichenräder ins Programm. Die Telegabel
hatte einen Federweg von 150 mm, die Federbeine waren dreifach verstellbar. In der 50er
Version noch 20 DM teurer als der Sperber mit
neuem Fahrwerk, verkaufte sich der Luxus-
Habicht überhaupt nicht und wurde 1998
schon wieder aus dem Programm genommen.
2001 tauchte er dann in der 50er Klasse als
Habicht 50 CX wieder auf.

Produktionszeit:	1997/98 (2001/02) / 1997/98
Stückzahl:	k.A.
Motor:	1-Zylinder-2-Takt
Kühlung:	Fahrtwind
Hubraum:	49,9 ccm / 69,9 ccm
Bohrung x Hub:	38 x 44 / 45 x 44 mm
Verdichtung:	k.A.
Leistung:	3,3 PS /5500/min / 5,6 PS / 6000/min
Vergaser:	k.A.
Zündung:	Zündelektronik
Kupplung:	4 Scheiben Ölbad
Getriebe:	4 Gänge
Rahmen:	Stahlrohr
Federung vorn:	Teleskopgabel
Federung hinten:	Langschwinge, Federbein
Reifen vorn:	16"
Reifen hinten:	16"
Bremse vorn:	Scheibe
Bremse hinten:	Trommel
Leergewicht:	79 - 87 kg kg
Tankinhalt:	8,7 Liter
Höchstgeschw.:	50 / 75 km/h
Neupreis:	DM 4190 (3735) / 4444

Habicht 50 / 80 Basic

Für den preiswerten Einstieg in die Klein- und Leichtkraftradklassen boten die Thüringer den Habicht Basic an. Er kam nur in der Farbe Silber (bei den anderen Habichten stand noch Kosmosblau zur Auswahl) und im einfachen Look der ersten S 53-Modelle daher. Bis 2002 blieben die einfachen Varianten im Programm.

Produktionszeit:	1997-2002
Stückzahl:	k.A.
Motor:	1-Zylinder-2-Takt
Kühlung:	Fahrtwind
Hubraum:	49,9 ccm / 69,9 ccm
Bohrung x Hub:	38 x 44 / 45 x 44 mm
Verdichtung:	k.A.
Leistung:	3,3 PS /5500/min / 5,6 PS / 6000/min
Vergaser:	k.A.
Zündung:	Zündelektronik
Kupplung:	4 Scheiben Ölbad
Getriebe:	4 Gänge
Rahmen:	Stahlrohr
Federung vorn:	Teleskopgabel
Federung hinten:	Langschwinge, Federbein
Reifen vorn:	16″
Reifen hinten:	16″
Bremse vorn:	Trommel
Bremse hinten:	Trommel
Leergewicht:	82,5 kg
Tankinhalt:	8,7 Liter
Höchstgeschw.:	50 / 75 km/h
Neupreis:	DM 3099 / 3470

Sperber 50

Der Versuch, mit den altbekannten und 30 Jahre zuvor so beliebten Vogelnamen, wieder Kunden – zumindest in Ostdeutschland – zu gewinnen, bescherte auch dem Sperber als motorisiertem Zweirad ein zweites Leben. Endlich konnte hier eine frühere Suhler Prototypen-Konstruktion (S 52) in die Serienproduktion überführt werden: Die Hinterradschwinge mit Zentralfederbein. Außerdem verfügte der Sperber erstmals über ein 5-Gang-Getriebe und ab 1998 wahlweise über eine Frischöldosierung. Sein vergleichsweise hoher Preis hielt die Stückzahlen aber in sehr überschaubaren Grenzen.

Produktionszeit:	1997-2002
Stückzahl:	k.A.
Motor:	1-Zylinder-2-Takt
Kühlung:	Fahrtwind
Hubraum:	49,9 ccm
Bohrung x Hub:	38 x 44 mm
Verdichtung:	k.A.
Leistung:	5,1 PS /6500/min
Vergaser:	k.A.
Zündung:	Zündelektronik
Kupplung:	4 Scheiben Ölbad
Getriebe:	5 Gänge
Rahmen:	Stahlrohr
Federung vorn:	Teleskopgabel
Federung hinten:	Kastenschwinge mit Zentralfederbein
Reifen vorn:	16″
Reifen hinten:	16″
Bremse vorn:	Scheibe
Bremse hinten:	Trommel
Leergewicht:	89 kg
Tankinhalt:	8,7 Liter
Höchstgeschw.:	50 km/h
Neupreis:	DM 4170 (4275 mit Frischöldos.)

Sperber 25 / 50 / 80 Beach Racer

Produktionszeit:	1998 / 1997-2002
Stückzahl:	k.A.
Motor:	1-Zylinder-2-Takt
Kühlung:	Fahrtwind
Hubraum:	49,9 ccm / 69,9 ccm
Bohrung x Hub:	38 x 44 / 45 x 44 mm
Verdichtung:	k.A.
Leistung:	1,56 PS / 4250/min / 3,3 PS /5500/min / 5,6 PS / 6000/min
Vergaser:	k.A.
Zündung:	Zündelektronik
Kupplung:	3 Scheiben Ölbad / 4 Sch.
Getriebe:	3 Gänge / 4 Gänge
Rahmen:	Stahlrohr mit Unterzug
Federung vorn:	Teleskopgabel
Federung hinten:	Langschwinge, Federbein
Reifen vorn:	17"
Reifen hinten:	17"
Bremse vorn:	Trommel / Trommel / Scheibe (ab 2000)
Bremse hinten:	Trommel
Leergewicht:	87,5 kg
Tankinhalt:	8,7 Liter
Höchstgeschw.:	25 / 50 / 75 km/h
Neupreis:	DM 2710 / 2890 / 3395 (1997)

Wie man aus einer Mischung von Vorhandenem eine kaum noch zu durchschauende Vielzahl von Mokick-Varianten auf dem Markt macht, zelebrierte Simson 1997 mit dem als »Fun-Bike« bezeichneten Sperber »Beach Racer«. Zunächst nur in den Hubräumen 50 und 70 (80) ccm angeboten, erschien so ein »Strandrenner«, dann 1998 auch in der gedrosselten, einsitzigen Mofa-Version als Sperber Beach Racer 25. Ein wenig vom alten S 53, ein paar Zutaten von den beta-Typen, die Langhub-Telegabel mit 150 mm Federweg dazu ein wenig schrille Farbgebung – fertig sind drei Fahrzeugtypen für den Katalog. Der 80er konnte später auf Wunsch mit Scheibenbremse vorn geordert werden, ab 2000 war diese dann obligatorisch. 2002, im letzten Simson-Produktionsjahr, hieß der Beach Racer »Street-Fighter«.

Shikra 125

Ganz große Erwartungen setzte man in Suhl auf das neue 125-ccm-Motorrad »Schikra« mit Honda-Viertakt-Motor (Lizenzbau in Taiwan). Endlich gab es nach 37 Jahren wieder ein (fast) richtiges Motorrad aus Suhl! Hier war Simson auf die nur neun Monate Entwicklungszeit und die im Schleudergussverfahren hergestellten Heckträger und Tanks zurecht stolz. Aber die tolle 125er mit Gitterrohr-Brückenrahmen und Zentralfederbein kam spät und konnte wegen Zulieferproblemen erst zum Saisonende ab Herbst 1998 an die Kundschaft geliefert werden – und das war ein denkbar ungünstiger Zeitpunkt, um eine neue Maschine einzuführen.

Produktionszeit:	1998-2000
Stückzahl:	k.A.
Motor:	1-Zylinder-4-Takt
Kühlung:	Fahrtwind
Hubraum:	124
Bohrung x Hub:	56,5 x 49,5
Verdichtung:	k.A.
Leistung:	15 PS / 11800/min (ab 1999 13,6 PS bei 9500/min)
Vergaser:	k.A.
Zündung:	Zündelektronik
Kupplung:	k.A.
Getriebe:	5 Gänge
Rahmen:	Gitterrohr-Brückenrahmen
Federung vorn:	Teleskopgabel
Federung hinten:	Zentralfederbein
Reifen vorn:	k.A.
Reifen hinten:	k.A.
Bremse vorn:	Scheibe
Bremse hinten:	Scheibe
Leergewicht:	118 kg
Tankinhalt:	18 Liter
Höchstgeschw.:	110 km/h
Neupreis:	DM 6840

Sperber 50 Sport

Ein weiterer Sperber-Typ tauchte 1999 kurz auf, um alsbald als unverkäuflich wieder in der Versenkung zu verschwinden.
Zwar machte der Vogel eine ganz tolle Figur, aber für 50 km/h erlaubte Höchstgeschwindigkeit und fast 5000 Mark war wohl doch etwas zu dick aufgetragen worden. Die Getrenntschmierung des Zweitakters war hier obligatorisch.

Produktionszeit:	1999
Stückzahl:	k.A.
Motor:	1-Zylinder-2-Takt
Kühlung:	Fahrtwind
Hubraum:	49,9 ccm
Bohrung x Hub:	38 x 44 mm
Verdichtung:	k.A.
Leistung:	5,1 PS /6500/min
Vergaser:	k.A.
Zündung:	Zündelektronik
Kupplung:	4 Scheiben Ölbad
Getriebe:	5 Gänge
Rahmen:	Stahlrohr
Federung vorn:	Teleskopgabel
Federung hinten:	Zentralfederbein
Reifen vorn:	16"
Reifen hinten:	16"
Bremse vorn:	Scheibe
Bremse hinten:	Trommel
Leergewicht:	91 kg
Tankinhalt:	8,7 Liter
Höchstgeschw.:	50 km/h
Neupreis:	k.A.

Shikra
125 Sport

Durchgängig rot lackiert (ab 1999 schwarz oder gelb), mit einer Halbverkleidung versehen und die sonst alufarbenen Dreispeichen-Guss-felgen dunkelgrau gemacht – fertig war ein neues Motorrad, jetzt Shikra 125 Sport genannt. Beide 125er starteten übrigens per Anlasser – keine Selbstverständlichkeit in dieser Klasse und in dieser Zeit, aber dennoch anscheinend kein so zwingendes Verkaufs-argument, um die Nachfrage entsprechend zu beflügeln.

Die Leistung ab 2000: 13,6 PS bei 9500/min.

Produktionszeit:	1999-2000
Stückzahl:	k.A.
Motor:	1-Zylinder-4-Takt
Kühlung:	Fahrtwind
Hubraum:	124
Bohrung x Hub:	56,5 x 49,5
Verdichtung:	k.A.
Leistung:	15 PS / 10800/min
Vergaser:	k.A.
Zündung:	Zündelektronik
Kupplung:	k.A.
Getriebe:	5 Gänge
Rahmen:	Gitterrohr-Brückenrahmen
Federung vorn:	Teleskopgabel
Federung hinten:	Zentralfederbein
Reifen vorn:	k.A.
Reifen hinten:	k.A.
Bremse vorn:	Scheibe
Bremse hinten:	Scheibe
Leergewicht:	133 kg
Tankinhalt:	18 Liter
Höchstgeschw.:	110 km/h
Neupreis:	DM 7380

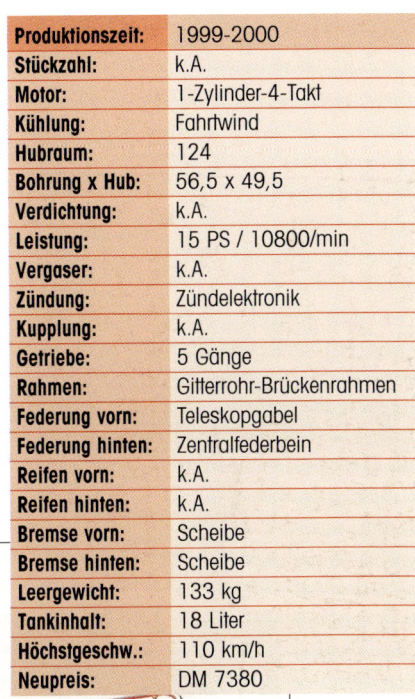

Spatz 50 / 25

Als neues Funbike präsentierte Simson 1999 wieder einen Spatz, eine Mischung aus dem Roller und den Mokicks. Ideal für Camping-, Caravan- und Bootstouristik meinten die Werbestrategen zu dem kleinen Zweirad, das auf 12er Reifen daher rollte. Weitere interessante Zutaten waren ein Automatic-Getriebe, ein Katalysator und der Elektrostarter. Der Spatz lief gar nicht so schlecht und durfte bis zum bitteren Ende im Programm bleiben. Ab 2002 war er auch als Spatz 25 für Mofa-Fahrer, dann 3 PS bei 7000/min stark, zu haben.

Produktionszeit:	1999-2002
Stückzahl:	k.A.
Motor:	1-Zylinder-2-Takt
Kühlung:	Gebläse
Hubraum:	49,9 ccm
Bohrung x Hub:	38 x 44 mm
Verdichtung:	k.A.
Leistung:	5 PS /6500/min
Vergaser:	k.A.
Zündung:	Zündelektronik
Kupplung:	Automatik
Getriebe:	Automatik stufenlos
Rahmen:	Gitterrohr
Federung vorn:	Teleskopgabel
Federung hinten:	Langschwinge, Federbein
Reifen vorn:	12″
Reifen hinten:	12″
Bremse vorn:	Trommel
Bremse hinten:	Trommel
Leergewicht:	81 kg
Tankinhalt:	9,5 Liter
Höchstgeschw.:	50 km/h / 25 km/h
Neupreis:	EUR 1800 (2002)

Star 100

Was tat man in Suhl nicht alles, um den drohenden endgültigen Ruin abzuwenden. Als der einstige Hoffnungsträger Star 50 nicht mehr lief, brachte man schnell noch eine 100er Version auf den Markt. Im Motorrad Katalog 2000 war über den neuen Star zu lesen »Längere Federwege hat keiner: Der Star ist ganz auf Komfort ausgelegt. Zwölf-Zoll-Räder und langer Radstand verleihen ihm außerdem unerschütterliche Fahrstabilität. Zieht man noch den riesigen 10,5 Liter-Tank in Betracht, dann entpuppt sich der Star als Langstrecken-Roller. Seit es ihn als 90 km/h schnellen 100er gibt, ist das gar nicht abwegig.« Dennoch interessierte sich kaum jemand für den Suhler Roller und er verschwand ein Jahr darauf wieder aus dem Katalog.

Produktionszeit:	1999-2000
Stückzahl:	k.A.
Motor:	1-Zylinder-2-Takt
Kühlung:	Gebläse
Hubraum:	95 ccm
Bohrung x Hub:	k.A.
Verdichtung:	9,7 PS / 7700/min
Leistung:	k.A.
Vergaser:	k.A.
Zündung:	Zündelektronik
Kupplung:	Automatik
Getriebe:	stufenlose Automatik
Rahmen:	Stahlrohr
Federung vorn:	Teleskopgabel
Federung hinten:	Zentralfederbein
Reifen vorn:	3,0 x 12
Reifen hinten:	3,0 x 12
Bremse vorn:	Scheibe
Bremse hinten:	Vollnaben 125 mm
Leergewicht:	97 kg
Tankinhalt:	10,5 Liter
Höchstgeschw.:	90 km/h
Neupreis:	DM 5045

... der einzige Motorroller made in Germany

Mofa auf 50 km/h aufrüstbar

schwarz

100 ccm

tornadorot

50 ccm

ozeanblau

STAR

Simson 125

Der nordische Greifvogel Shikra, nach dem die erste echte Suhler 125er benannt wurde, zog nicht mehr so recht, wie übrigens auch der Motor aus Fernost, und so schaffte der neue Simson-Besitzer Kontec beides einfach ab. Das Motorrad wurde im Design leicht verändert und ein neuer Motor der italienischen Firma Moto Morini eingebaut; dieser wurde übrigens auch schon bei den letzten Shikra-Modellen verwendet. Tatsächlich hatte der aus Taiwan stammende Motor viel Ärger bereitet und die sonst sehr gute 125er in Misskredit gebracht. Ohne Vogel nannte sich die Maschine ab 2001 nur noch Simson 125.

Produktionszeit:	2001-2002
Stückzahl:	k.A.
Motor:	1-Zylinder-4-Takt
Kühlung:	Fahrtwind
Hubraum:	125
Bohrung x Hub:	57 x 48,6
Verdichtung:	k.A.
Leistung:	13,6 PS bei 9500/min)
Vergaser:	k.A.
Zündung:	Zündelektronik
Kupplung:	k.A.
Getriebe:	6 Gänge
Rahmen:	Gitterrohr-Brückenrahmen
Federung vorn:	Teleskopgabel
Federung hinten:	Zweiarmschwinge mit Zentralfederbein
Reifen vorn:	k.A.
Reifen hinten:	k.A.
Bremse vorn:	Scheibe
Bremse hinten:	Scheibe
Leergewicht:	133 kg
Tankinhalt:	18 Liter
Höchstgeschw.:	110 km/h
Neupreis:	DM 7200

Simson 125 RS

Die Halbverkleidung wich einer gewaltigen Rennsportverkleidung, die Gussfelgen wurden entsprechend der Farbe des Bikes in Schwarz oder Gelb getaucht – fertig war die Simson 125 RS. Mit dem Einbau des Morini-Motors erhielten beide Suhler 125er (eine kurze Zeit lief auch noch die Sport-Version 125 S als drittes Modell) ein 6-Gang-Getriebe, ohne dass das allerdings der Nachfrage nach den Suhler Produkten spürbar Auftrieb verschaffte. Dazu kam, dass es Simson bis zuletzt nicht gelang, auch in den »alten« Bundesländern ein entsprechendes Vertriebsnetz aufzubauen.

Produktionszeit:	2001-2002
Stückzahl:	k.A.
Motor:	1-Zylinder-4-Takt
Kühlung:	Fahrtwind
Hubraum:	125
Bohrung x Hub:	57 x 48,6
Verdichtung:	k.A.
Leistung:	13,6 PS bei 9500/min)
Vergaser:	k.A.
Zündung:	Zündelektronik
Kupplung:	k.A.
Getriebe:	6 Gänge
Rahmen:	Gitterrohr-Brückenrahmen
Federung vorn:	Teleskopgabel
Federung hinten:	Zweiarmschwinge mit Zentralfederbein
Reifen vorn:	k.A.
Reifen hinten:	k.A.
Bremse vorn:	Scheibe
Bremse hinten:	Scheibe
Leergewicht:	133 kg
Tankinhalt:	18 Liter
Höchstgeschw.:	110 km/h
Neupreis:	DM 7900

Fighter 50

Und noch ein Sondermodell der 50er-Serie, dass auf die S 53-Modelle zurückgeht: Der Straßenkämpfer hatte, wie der Beach Racer, 17" Räder mit grobstolligen Reifen und die Langhub-Telegabel mit 150 mm Federweg. Der Rohrrahmen wurde wieder durch Unterzüge verstärkt. Der Fighter 50 war das Einsteigermodell in die Simson-Modellfamilie. Deutlich preiswerter als der Habicht-Basic, avancierte der Fighter während seines sehr kurzen Lebens tatsächlich zum meist verkauften Mokick aus Suhl.

Produktionszeit:	2000-2001
Stückzahl:	k.A.
Motor:	1-Zylinder-2-Takt
Kühlung:	Fahrtwind
Hubraum:	49,9 ccm
Bohrung x Hub:	38 x 44 mm
Verdichtung:	k.A.
Leistung:	3,3 PS /5500/min
Vergaser:	k.A.
Zündung:	Zündelektronik
Kupplung:	4 Scheiben Ölbad
Getriebe:	4 Gänge
Rahmen:	Stahlrohr mit Unterzug
Federung vorn:	Teleskopgabel
Federung hinten:	Langschwinge, Federbein
Reifen vorn:	17"
Reifen hinten:	17"
Bremse vorn:	Trommel
Bremse hinten:	Trommel
Leergewicht:	87,5 kg
Tankinhalt:	8,7 Liter
Höchstgeschw.:	50 km/h
Neupreis:	DM 3040

Simson SC .025 / SC .050 / SC .080

Produktionszeit:	2002
Stückzahl:	k.A.
Motor:	1-Zylinder-2-Takt
Kühlung:	Fahrtwind
Hubraum:	49,9 ccm / 69,9 ccm
Bohrung x Hub:	38 x 44 / 45 x 44 mm
Verdichtung:	k.A.
Leistung:	1,56 PS / 4250/min / 3,3 PS /5500/min / 5,6 PS / 6000/min
Vergaser:	k.A.
Zündung:	Zündelektronik
Kupplung:	3 Scheiben Ölbad /
Getriebe:	4 Scheiben
Rahmen:	4 Gänge / 5 Gänge (80er)
Federung vorn:	Stahlrohr mit Unterzug Teleskopgabel
Federung hinten:	Langschwinge, Federbein
Reifen vorn:	17"
Reifen hinten:	17"
Bremse vorn:	Trommel / Tr. / Scheibe
Bremse hinten:	Trommel
Leergewicht:	83 kg
Tankinhalt:	8,7 Liter
Höchstgeschw.:	25 / 50 / 75 km/h
Neupreis:	1700 / 1700 / 1990 EUR

Zunächst als »Scrambler« für das Modelljahr 2002 vorgestellt, reduzierte sich die Bezeichnung für die »Funbike«-Modellreihe später nur noch auf die zwei Buchstaben SC. Die Modelle, die den »Beach Racer« und den »Streetfighter« ersetzten, waren wieder eine Mischung aus Vorhandenem, etwa aus Teilen des »Sperber Beach Racer« oder, wie die Telegabel, aus dem »Star-Roller«. Für dieses Jahr hatte sich der neue Simson-Eigner Klaus Bänsch eigentlich vorgenommen, endlich wieder schwarze Zahlen zu schreiben – am Ende stand aber tatsächlich der unabwendbare Konkurs.

Simson TS .025 / TS .50 / TS .080

In dem 2002 stark gestrafften Simson-Programm gab es nun nur noch zwei Mokick-Reihen, wobei die TS-Modelle als »Naked Bikes« die bisherigen Habicht-Varianten ablösten. Technisch hatte sich kaum etwas verändert (der Motor war 2002 immer noch nahezu identisch mit dem 1979 eingeführten Zweitakter) und optisch erst recht nicht, sieht man davon ab, dass die Lampenverkleidung nun völlig weggefallen war. Und die Farbpalette war bei Simson in den letzten zehn Jahren nun nahezu völlig ausgereizt worden. Es hat alles nichts geholfen.

Produktionszeit:	2002
Stückzahl:	k.A.
Motor:	1-Zylinder-2-Takt
Kühlung:	Fahrtwind
Hubraum:	49,9 ccm / 69,9 ccm
Bohrung x Hub:	38 x 44 / 45 x 44 mm
Verdichtung:	k.A.
Leistung:	1,56 PS / 4250/min / 3,3 PS /5500/min / 5,6 PS / 6000/min
Vergaser:	k.A.
Zündung:	Zündelektronik
Kupplung:	4 Scheiben
Getriebe:	4 Gänge / 5 Gänge (80er)
Rahmen:	Stahlrohr
Federung vorn:	Teleskopgabel
Federung hinten:	Langschwinge, Federbein
Reifen vorn:	16″
Reifen hinten:	16″
Bremse vorn:	Trommel /Tr. / Scheibe
Bremse hinten:	Trommel
Leergewicht:	83 kg
Tankinhalt:	8,7 Liter
Höchstgeschw.:	25 / 50 / 75 km/h
Neupreis:	EUR 1800 / 1950

Die nächste Kurve ist immer die schönste.

Rein in die Kurve und ab durch die Mitte.
Die neuesten Maschinen, die schönsten
Touren, der beste Service alle 14 Tage neu
in MOTORRAD.
Mehr darüber: www.motorradonline.de

Europas größte Motorradzeitschrift